建设用地土壤监测与质量控制实用技术

JIANSHE YONGDI TURANG JIANCE YU ZHILIANG
KONGZHI SHIYONG JISHU

编 委 会

主　　编	陈泽雄	胡丹心		
副主编	周志军	许锐杰	黄树杰	郑小萍
编　　委	肖　竑	李丽华	林　淮	黄振中	熊　凡
	刘　奔	欧锦琼	黎嘉雯	何文祥	李　坚
	吴　艳	张倩华	陈金松	张　藁	周志洪
	招蔚弘	葛　楹	张伟欣	黄　霞	李巧霞
	马卫江	何杰旭	伍宝姗	彭　凯	郑丹霞
	张小杰	黄雪娇	杨秋芳	陈小冰	李玉冰

广东高等教育出版社
Guangdong Higher Education Press
·广州·

内 容 简 介

本书是为指导相关人员开展建设用地土壤监测和质量管理工作而编写的一本实用性专业图书。全书明晰了土壤污染状况调查和监测的基本概念，总结了当前国内和业内的主要监测技术规范和监测方法，并针对目前建设用地土壤污染监测过程中存在的实际问题，梳理了土壤样品在现场采集和实验室分析阶段的技术规范及质控要求，对样品采集、监测过程中的重点、难点和常见问题给出了针对性解析，以及提出了监测报告和质控统计数据的编制要求。

本书可有效指导各级环境监测部门、广大从业人员开展建设用地土壤监测和质量管理工作，并为土壤环境管理部门提供有益工作借鉴。

图书在版编目（CIP）数据

建设用地土壤监测与质量控制实用技术/陈泽雄,胡丹心主编. —广州：广东高等教育出版社，2021.5

ISBN 978 - 7 - 5361 - 7015 - 5

Ⅰ．①建… Ⅱ．①陈… ②胡… Ⅲ．①非生产性建设用地—土壤监测 ②非生产性建设用地—土地质量—质量控制 Ⅳ．①X833

中国版本图书馆 CIP 数据核字（2021）第 084255 号

出版发行	广东高等教育出版社
	地址：广州市天河区林和西横路
	邮政编码：510500 电话：(020) 87551597 87551077
	http://www.gdgjs.com.cn
印 刷	江门市教育印刷厂有限公司
开 本	787 毫米×1 092 毫米 1/16
印 张	9.25
字 数	220 千
版 次	2021 年 5 月第 1 版
印 次	2021 年 5 月第 1 次印刷
定 价	38.00 元

序

　　土壤是经济社会可持续发展的物质基础，保护好土壤环境是推进生态文明建设和维护国家生态安全的重要内容。当前，我国农业土壤环境局部污染较重，影响到食品安全；建筑、工业用地个别污染较突出，影响到人们的居住安全。如何在确保人居环境安全的前提下，实现环境保护与经济社会发展相统一，是土壤环境管理必须解决的一道难题。2019年1月1日，《中华人民共和国土壤污染防治法》开始施行，明确了对土壤污染状况普查、详查和监测、现场检查表明有土壤污染风险的建设用地地块，地方人民政府生态环境主管部门应当要求土地使用权人按照规定进行土壤污染状况调查。其中，土壤监测与质量控制作为土壤污染状况调查中的首要环节，是后续相关工作的基础，能为土壤环境管理工作提供有力的技术支撑。

　　《建设用地土壤监测与质量控制实用技术》是一本由广东省广州生态环境监测中心站、广东贝源检测技术股份有限公司和广东省环境保护职业技术学校联合编写的实用性专业图书，涵盖了关于建设用地土壤污染监测过程中的重点、难点、常见问题以及相关质量控制要点等内容。该书编者为长期从事生态环境监测技术、环境监测技术与管理、建设用地土壤监测以及质量控制工作的专业技术人员，拥有丰富的土壤监测和质量控制工作经验。编者将多年宝贵实际工作经验归纳汇总在本书中，内容详实、实用性强，可有效指导各级环境监测部门、广大从业人员开展建设用地土壤监测和质量管理工作，并为土壤环境管理部门提供有益的工作借鉴。

　　我国土壤生态环境监测工作任重道远，希望本书可以帮助各级生态环境管理、监测部门，社会环境监测从业单位的同仁们更好地理解建设用地土壤污染监测技术与质量控制要点，进一步提升大家的管理水平和业务工作能力。相信本书能为全国建设用地土壤污染状况调查及监测工作起到示范和指导作用，从而推动我国土壤生态环境监测工作再上新台阶！

中国工程院院士　魏复盛

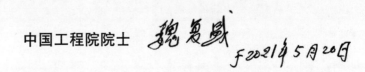

于2021年5月20日

前　言

　　建设用地土壤污染监测是土壤污染状况调查的重要技术支撑，是调查工作中污染识别最直接的证明。在实际开展建设用地土壤污染状况调查过程中，由于建设用地地块企业的历史生产经营情况往往比较复杂，给地块土壤和地下水带来的潜在污染物类型多样，因此，有序开展建设用地土壤污染监测，确保各类型污染因子的监测满足相关质量控制要点要求，已成为当前各级生态环境监测部门的重点工作内容。

　　为指导各级生态环境监测主管部门、环境监测从业单位的技术人员和质量管理人员更好开展建设用地土壤污染监测质量监督、监测工作，从而保证建设用地调查数据的真实性和准确性，广东省广州生态环境监测中心站、广东贝源检测技术股份有限公司和广东省环境保护职业技术学校联合编写了本书。本书的出版凝聚了所有编者的智慧和汗水，同时结合了广州市 2020 年发布的地方技术规范《建设用地土壤污染防治 第 1 部分：污染状况调查技术规范》（DB4401/T 102.1—2020）、《建设用地土壤污染防治 第 3 部分：土壤重金属监测质量保证与质量控制技术规范》（DB4401/T 102.3—2020）、《建设用地土壤污染防治 第 4 部分：土壤挥发性有机物监测质量保证与质量控制技术规范》（DB4401/T 102.4—2020）最新技术成果。内容方面，本书共分为 6 章。其中，第 1 章整理了土壤污染状况调查和监测的基本概念；第 2 章总结了当前国内和行业内的主要监测技术规范和监测方法；第 3、4 章基于实际工作经验，重点梳理了土壤样品在现场采集和实验室分析阶段的技术规范及质控要求，总结了其中样品采集和监测过程中的重点、难点和常见问题，且根据经验进行针对性的解析；第 5 章整理了监测报告和质控统计数据的编制要求；第6章通过列举多个典型案例，强调了完善的质控体系对建设用地土壤污染调查及监测结果的重要性。

本书的出版，得到了广州市生态环境局、广东省生态环境监测中心、广东省环境科学研究院、广东省环境保护职业技术学校、广州检验检测认证集团有限公司等相关单位及专家的鼎力支持，全体编者借此机会对以上所有单位及给予真知灼见的专家们表示衷心的感谢。由于本书主要基于广州市建设用地土壤污染状况调查监测与质控工作开展过程中实际经验来编写，且编写时间匆忙，编者技术水平有限，书中难免出现疏漏和不当之处，诚恳欢迎读者批评指正！

编　者

2021 年 5 月 20 日

目　　录

第 1 章
基本概念

1.1 地块基本概念

从土地科学及管理的角度来看，地块（land parcel）对地籍而言，是指地球表面上有统一权属主（对某实体及实物拥有所有权或使用权的单位和个人）和统一土地利用类别的完整封闭的土地，是地籍管理和地籍测绘的基本单元。本章节将主要对与地块相关的几个重要概念进行阐述。

1.1.1 土壤

土壤（soil），从其在自然界的形成过程、分布位置、结构形态和农业生产性状来看，定义为：覆盖于地球陆地表面、能生长植物的疏松多孔物质层及其相关自然地理要素的综合体。也可以说土壤是固态地球陆地表面具有生命活动、处于生物与环境间进行物质循环和能量交换的疏松表层。它既是独立的历史自然体，也是最易受人为活动影响的、能为人类提供食物的自然资源。科学地开发和利用土壤资源对改善环境具有重要意义。

不同类型的土壤均由各种矿物质、有机质、水分、空气和生物等基本物质所组成，能生长植物。土壤是由固体、液体、气体三相物质组成的多相分散的复杂体系。固体物质包括土壤矿物质、有机质和微生物通过光照抑菌灭菌后得到的养料等；液体物质主要指土壤水分；气体是存在于土壤孔隙中的空气。土壤中这三类物质构成了一个矛盾的统一体。它们互相联系，互相制约，为作物提供必需的生活条件，是土壤肥力的物质基础。

1.1.2 土壤环境背景值

土壤环境背景值（environmental background values of soil），指基于土壤环境背景含量的统计值，通常以土壤环境背景含量的某一分位值表示。其中土壤环境背景含量是指在一定时间条件下，仅受地球化学过程和非点源输入影响的土壤中元素或化合物的含量。

1.1.3 建设用地

建设用地（land for construction），是指建造建筑物、构筑物的土地，包括城乡住宅和公共设施用地、工矿用地、交通水利设施用地、旅游用地、军事设施用地等。

1.1.4 建设用地分类及划分原则

按照《城市用地分类与规划建设用地标准》（GB 50137—2011），用地分类包括城乡用地分类、城市建设用地分类两部分，按照土地使用的主要性质划分情况如下：

（1）在城乡用地分类中，建设用地包括城乡居民点建设用地（H1）、区域交通设施用地（H2）、区域公共设施用地（H3）、特殊用地（H4）、采矿用地（H5）及其他建设用地（H9）等。

（2）城市建设用地共分为 8 大类、35 中类和 43 小类。其中 8 个大类包括居住用地（R）、公共管理与公共服务用地（A）、商业服务设施用地（B）、工业用地（M）、物流仓储用地（W）、道路与交通设施用地（S）、公用设施用地（U）、绿地与广场用地（G）。

按照《土壤环境质量 建设用地土壤污染风险管控标准（试行）》（GB 36600—2018），城市建设用地根据保护对象暴露情况的不同，可划分为以下两类：

（1）第一类用地：包括 GB 50137—2011 规定的城市建设用地中的居住用地（R），公共管理与公共服务用地中的中小学用地（A33）、医疗卫生用地（A5）、社会福利设施用地（A6），以及公园绿地（G1）中的社区公园或儿童公园用地等。

（2）第二类用地：包括 GB 50137—2011 规定的城市建设用地中的工业用地（M）、物流仓储用地（W）、商业服务设施用地（B）、道路与交通设施用地（S）、公用设施用地（U）、公共管理与公共服务用地（A）（A33、A5、A6 除外），以及绿地与广场用地（G）（G1 中社区公园或儿童公园用地除外）等。

1.1.5 建设用地土壤污染风险筛选值

建设用地土壤污染风险筛选值（risk screening values for soil contamination of land for construction），是指在特定土地使用方式下，建设用地土壤中污染物含量等于或者低于该值的，对人体健康的风险可以忽略；超过该值的，对人体健康可能存在风险，应当开展进一步的详细调查和风险评估，确定具体污染范围和风险水平。

1.1.6 建设用地土壤污染风险管制值

建设用地土壤污染风险管制值（risk intervention values for soil contamination of land for construction），是指在特定的土地利用方式下，建设用地土壤中污染物含量超过该值的，对人体健康通常存在不可接受风险，应当采取风险管控或修复措施。

1.1.7 建设用地土壤污染风险筛选值选取原则

《土壤环境质量 建设用地土壤污染风险管控标准（试行）》（GB 36600—2018）中，将城市建设用地根据保护对象暴露情况的不同，分成一类用地（敏感用地）和二类用地（非敏感用地），其对应的保护人体健康的建设用地土壤污染风险筛选值不同，一类用地污染物项目的土壤污染风险筛选值小于二类用地。在建设用地土壤污染状况调查工作中，通常根据建设用地地块未来规划情况，参照选择不同的土壤污染风险筛选值对目标污染物进行评价。

GB 36600—2018 中的表 1 列举了基本项目（45 项）的土壤污染风险筛选值详情，即为土壤污染状况初步调查阶段建设用地土壤污染风险筛选的必测项目，包括 7 项重金属和无机物指标、27 项挥发性有机物指标和 11 项半挥发性有机物指标。实际具体地块土壤中污染物检测含量超过筛选值，但等于或者低于土壤环境背景值水平的（部分重金属指标如砷、钴、钒等在我国不同地域的土壤中背景值存在明显差异，可参考 GB 36600—2018 附录 A 或其他权威的背景值统计资料），不纳入污染地块管理。

另外，GB 36600—2018 中的表 2 列举了其他项目（40 项）土壤污染风险筛选值详情，即为土壤污染状况初步调查阶段建设用地土壤污染风险筛选的选测项目，包括 6 项重金属和无机物指标，4 项挥发性有机物指标，10 项半挥发性有机物指标，14 项有机农药类指标，5 项多氯联苯、多溴联苯和二噁英类指标，1 项石油烃类指标。表 1 和表 2 中未列入的污染物项目，可依据《建设用地土壤污染风险评估技术导则》（HJ 25.3—2019）等标准及相关技术要求开展风险评估，推导特定的土壤污染风险筛选值。

1.1.8　土壤污染风险管控与修复

土壤污染风险管控和修复（risk control and remediation of soil contamination）包括土壤污染状况调查和土壤污染风险评估、风险管控、修复、风险管控效果评估、修复效果评估、后期管理等活动。

1.1.9　土壤污染风险管控与修复依据

通过土壤污染状况初步调查，建设用地土壤中污染物含量等于或者低于风险筛选值，建设用地土壤污染风险一般可以忽略。若初步调查确定建设用地土壤中污染物含量高于风险筛选值，则根据《建设用地土壤污染状况调查技术导则》（HJ 25.1—2019）和《建设用地土壤污染风险管控和修复监测技术导则》（HJ 25.2—2019）等标准及相关技术要求，开展详细调查。通过详细调查确定建设用地土壤中污染物含量等于或低于风险管制值，应依据《建设用地土壤污染风险评估技术导则》（HJ 25.3—2019）等标准及相关技术要求，开展风险评估，判断是否需要采取风险管控或者修复措施。建设用地若需采取修复措施，其修复目标依据《建设用地土壤污染风险评估技术导则》（HJ 25.3—2019）和《建设用地土壤修复技术导则》（HJ 25.4—2019）等标准及相关技术要求确定，且应低于风险管制值（指在特定土地使用方式下，建设用地土壤中污染物超过该值的，对人体健康通常存在不可接受风险，采取风险管控或修复措施）。

1.2　地块污染术语

1.2.1　关注污染物

关注污染物（contaminant of concern），是指根据地块污染特征、相关标准规范要求和利益相关方意见，确定需要进行土壤污染状况调查和土壤污染风险评估的污染物。

1.2.2　目标污染物

目标污染物（target contaminant），是指在地块环境中其数量或浓度已达到对生态系统和人体健康具有实际或潜在不利影响的、需要进行修复的关注污染物。

1.2.3　污染场地

污染场地（contaminated site），即对潜在污染场地进行调查和风险评估后，确认污染危害超过人体健康或生态环境可接受风险水平的场地。

1.2.4　重金属

重金属（heavy metal），是指密度大于 $4.5\ g/cm^3$ 的金属。

常见的污染土壤环境中的重金属有：砷、镉、汞、铅、铜等。重金属污染物形态稳定、不会分解、容易富集，是土壤中难以治理的污染物类型。它主要源于土壤母质及成土过程、工业生产的污水排放和污水灌溉、大气沉降、农药化肥和塑料薄膜的使用、城市垃圾的快速增加等。

1.2.5　挥发性有机物

挥发性有机物（volatile organic compounds，VOCs），即沸点在 50～260 ℃ 之间，在标准温度和压力（20 ℃ 和 1 个大气压）下饱和蒸气压超过 133.32 Pa 的有机化合物。

1.2.6　半挥发性有机物

半挥发性有机物（semivolatile organic compounds，SVOCs），即沸点在 260～400 ℃ 之间，在标准温度和压力（20 ℃ 和 1 个大气压）下饱和蒸气压介于 1.33×10^{-6}～1.33×10^{2} Pa 之间的有机化合物。

1.3　地块调查与环境监测术语

1.3.1　现场快速监测

现场快速监测（on-site rapid monitoring），是指采用现场快速检测设备对地块潜在污染物进行定性或定量分析。常见的土壤现场快速监测设备有 X 射线荧光光谱分析仪（XRF）和光离子化检测器（PID）。

1.3.2　地块环境监测

地块环境监测（site environmental monitoring），是指连续或间断地测定地块环境中污染物的浓度及其空间分布，观察、分析其变化及其对环境影响的过程。

1.3.3　土壤污染状况调查

土壤污染状况调查（investigation on soil contamination），是指采用系统的调查方法，

确定地块是否被污染以及污染程度和范围的过程。

1.3.4 土壤污染状况调查监测

土壤污染状况调查监测（monitoring for investigation on soil contamination），是指在土壤污染状况调查和风险评估过程中，采用监测手段识别土壤、地下水、地表水、环境空气及残余废物中的关注污染物及土壤理化特征，并全面分析地块污染特征，确定地块的污染物种类、污染程度和污染范围。

第 2 章
土壤监测技术简介

2.1　土壤监测技术规范

改革开放以来，随着现代工农业生产的发展，工业生产废水废物、大量生产使用的化肥和农药、城市生活污水和废物不断排入土壤体系，远远超过了土壤的承受容量和自净速度，破坏了土壤的自然动态平衡，使土壤质量恶化，造成污染。建设用地土壤承载着人类生产生活等各种活动，土壤中污染物迁移到达和暴露于人体的途径更为直接、广泛，为了防范人居环境风险，必须做好建设用地土壤环境监测工作。

我国于 20 世纪 70 年代中期，开始土壤环境背景值的研究工作，在 80—90 年代，受世界土壤环保运动的影响，我国开始关注矿区、污灌区和耕地土壤污染等问题，基于此，国家制定了《土壤环境质量标准》（GB 15618—1995）及《工业企业土壤环境质量风险评价基准》（HJ/T 25—1999）。"十五"计划期间，为了更好地开展土壤环境监测工作，对土壤监测步骤和技术加以规范，原环境保护部制定了《土壤环境监测技术规范》（HJ/T 166—2004）。

2005 年 12 月，国务院发布了《国务院关于落实科学发展观加强环境保护的决定》，在此基础上，原环境保护部启动了场地环境管理配套标准制定工作，于 2014 年发布了 HJ 25.1～HJ 25.4 及 HJ 682 等 5 项污染场地系列环保标准，代替了《工业企业土壤环境质量风险评价基准》（HJ/T 25—1999）。

《土壤环境质量标准》（GB 15618—1995）在我国土壤环境保护和管理中发挥了重要基础性作用。但是，因其存在适用范围小、项目指标少、实施效果不理想等问题，不适应现阶段土壤环境保护实际工作需要。针对以上问题，原环境保护部于 2006 年启动了标准修订工作，经过反复研究、梳理、修改，形成并于 2018 年 6 月 22 日印发了《土壤环境质量　农用地土壤污染风险管控标准（试行）》（GB 15618—2018）、《土壤环境质量建设用地土壤污染风险管控标准（试行）》（GB 36600—2018）两项标准。

2016 年 5 月 28 日，国务院印发了《土壤污染防治行动计划》（即"土十条"），2017 年 4 月，原环境保护部发布了《国家环境保护标准"十三五"发展规划》（以下简称"规划"）。为了响应"土十条"的要求，推动土壤环境质量标准修订进程，原环境保护部将《土壤环境监测技术规范》（HJ/T 166—2004）、建设用地土壤污染系列环保标准（HJ 25 系列）以及《污染场地土壤和地下水中挥发性有机物采样技术导则》（HJ 1019）等标准的制修订列入了"规划"中。并且，先后于 2018 年 12 月 29 日发布了《污染地块风险管控与土壤修复效果评估技术导则（试行）》（HJ 25.5—2018），2019 年 6 月 18 日发布了《污染地块地下水修复和风险管控技术导则》（HJ 25.6—2019），2019 年 9 月 1 日发布了《地块土壤和地下水中挥发性有机物采样技术导则》（HJ 1019—2019），2019 年 12 月 5 日发布了《建设用地土壤污染状况调查技术导则》（HJ 25.1—2019）、《建设用地土壤污染风险管控和修复监测技术导则》（HJ 25.2—2019）、《建设用地土壤污染风险评估技术导则》（HJ 25.3—2019）、《建设用地土壤修复技术导则》（HJ 25.4—2019）等系列标准。

2.1.1　土壤环境监测技术规范

为了做好土壤环境监测工作，对土壤环境监测技术方法加以规范，原环境保护部于 2004 年首次发布《土壤环境监测技术规范》（HJ/T 166—2004），于 2004 年 12 月 9 日开始实施。

适用范围：该规范适用于全国区域土壤背景、农田土壤环境、建设项目土壤环境评价、土壤污染事故等类型的监测。

主要内容：该规范详细规定了土壤环境监测的采样准备，布点和样品数量，样品的采集、流转、保存和制备，样品分析测定，出具分析记录与监测报告，质量保证和控制，土壤环境质量评价等内容。

《土壤环境监测技术规范》（HJ/T 166—2004）编写时间较早，规范中未明确区分土地利用类型，不足以支撑建设用地土壤环境监测的细化要求。

2.1.2　建设用地土壤污染风险管控和修复监测技术导则

《建设用地土壤污染风险管控和修复监测技术导则》（HJ 25.2—2019）属于建设用地土壤污染风险管控和修复系列环境保护标准（HJ 25.1 ~ HJ 25.5），此系列标准最初发布于 2014 年 2 月 19 日，同年 7 月 1 日开始实施，旨在为各地开展场地环境状况调查、风险评估、修复治理提供技术指导和支持。此后，为了加强建设用地环境保护监督管理，规范建设用地土壤污染状况调查、土壤污染风险评估、风险管控、修复等相关工作，生态环境部修订了建设用地土壤污染风险管控和修复系列环境保护标准并于 2019 年 12 月 5 日发布实施。

适用范围：该导则适用于建设用地土壤污染状况调查和污染风险评估、风险管控、修复、风险管控效果评估、修复效果评估、后期管理等活动的监测。不适用于建设用地的放射性及致病性生物污染监测。

主要内容：该导则内容主要包括建设用地土壤污染风险管控和修复监测的基本原则、程序、工作内容以及监测计划制定、监测点位布设、样品采集和分析、质量控制与质量保证、监测报告编制等技术要求。

该系列标准是为了对土壤污染进行分类管理，规范建设用地土壤环境污染的风险管控和修复工作而制定，弥补了《土壤环境监测技术规范》（HJ/T 166—2004）在建设用地土壤环境监测和修复方面的不足。

2.1.3 地块土壤和地下水中挥发性有机物采样技术导则

为规范地块土壤和地下水中挥发性有机物的采样技术，生态环境部于 2019 年 5 月 12 日发布《地块土壤和地下水中挥发性有机物采样技术导则》（HJ 1019—2019），同年 9 月 1 日开始实施。

适用范围：适用于地块土壤和地下水环境调查和监测中挥发性有机物的现场采样。

主要内容：该导则包含挥发性有机物采样的前期准备、土壤和地下水采样过程、质量控制、废物处置和健康防护等详细的技术要求。

我国已发布的建设用地土壤环境调查监测系列标准（HJ 25 系列）以及 HJ/T 166 等规范中，均对土壤和地下水采样技术要求进行了相应规定，但针对挥发性有机物的采样，存在技术要求过于分散、不完全一致、规定的采样环节较少、部分关键技术规定操作性差等问题，导致挥发性有机物的监测数据可靠性降低，所以制定了该导则，以规范和统一地块土壤和地下水中挥发性有机物采样技术。

2.2 理化指标测定方法

建设用地土壤监测常用理化指标有 pH 值、有机质、干物质/水分等。土壤环境较为复杂，它与大气、水、动植物和微生物紧密关联，且土壤本身具有一定的自我调节能力。因此，当污染物进入土壤体系时，污染物的迁移与转化会受到土壤自身理化性质的影响。

土壤 pH 值的变化往往会引起土壤中的化学物质发生剧烈变化，当 pH 值降低时，氢离子增加，取代胶体上的金属离子，使金属离子被释放，土壤中的可溶态金属离子浓度增加；pH 值升高时，则与之相反。土壤有机质来源于动植物等有机残体，是可以被植物吸收利用的有机物，部分有机物可以与土壤中的重金属反应生成稳定的盐，降低重金属的活性，还有一些有机物可以和土壤中其他的有机物、无机物反应，影响土壤污染物的转化。

常用理化指标分析方法及仪器设备见表 2 - 2 - 1。

表 2 - 2 - 1 建设用地土壤理化指标分析方法

序号	分析项目	分析方法	仪器设备
1	pH	《土壤 pH 值的测定 电位法》（HJ 962—2018）	pH 计
		《土壤 pH 的测定》（NY/T 1377—2007）	pH 计
		《土壤检测 第 2 部分：土壤 pH 的测定》（NY/T 1121.2—2006）	pH 计
2	干物质/水分	《土壤 干物质和水分的测定 重量法》（HJ 613—2011）	分析天平
3	有机质	《土壤有机质测定法》（NY/T 85—1988）	—
		《土壤检测 第 6 部分：土壤有机质的测定》（NY/T 1121.6—2006）	—

2.3 无机元素测定方法

土壤中的无机元素众多,如汞、砷、铬、铅、镉、铜、镍等。这些重金属元素在土壤中有积累性、难降解、危害性大的特点。与水中的其他毒素结合可能生成毒性更大的有机物,随着动植物的摄取进入食物链,对环境和人体健康造成不同程度的伤害。

根据《土壤环境质量 建设用地土壤污染风险管控标准(试行)》(GB 36600—2018)的要求,汞、砷、铬(六价)、铅、镉、铜、镍是建设用地初步调查阶段土壤污染风险筛选的必测项目,其他可能存在的无机污染元素,如锌、锑、铍、钴、钒等,应根据地块的污染状况调查情况选择监测。目前,用于土壤中的无机元素分析方法主要有原子吸收光谱法、电感耦合等离子体发射光谱法、电感耦合等离子体质谱法、原子荧光光谱法以及 X 射线荧光光谱法。常见的用于土壤无机元素的分析方法及对应的分析项目如表 2 - 3 - 1 所示。

表 2 - 3 - 1 土壤中的无机元素分析方法及分析项目

序号	分析项目	分析方法	仪器设备
1	铜、锌、铅、镍、铬	《土壤和沉积物 铜、锌、铅、镍、铬的测定 火焰原子吸收分光光度法》(HJ 491—2019)	火焰原子吸收光谱仪
2	六价铬	《土壤和沉积物 六价铬的测定 碱溶液提取 - 火焰原子吸收分光光度法》(HJ 1082—2019)	火焰原子吸收光谱仪
3	钴	《土壤和沉积物 钴的测定 火焰原子吸收分光光度法》(HJ 1081—2019)	火焰原子吸收光谱仪
4	铅、镉	《土壤质量 铅、镉的测定 石墨炉原子吸收分光光度法》(GB/T 17141—1997)	石墨炉原子吸收光谱仪
5	铍	《土壤和沉积物 铍的测定 石墨炉原子吸收分光光度法》(HJ 737—2015)	石墨炉原子吸收光谱仪
6	铊	《土壤和沉积物 铊的测定 石墨炉原子吸收分光光度法》(HJ 1080—2019)	石墨炉原子吸收光谱仪
7	镉、钴、铜、铬、锰、镍、铅、锌、钒、砷、钼、锑	《土壤和沉积物 12 种金属元素的测定 王水提取 - 电感耦合等离子体质谱法》(HJ 803—2016)	电感耦合等离子体质谱仪
8	锰、钡、钒、锶、钛、钙、镁、铁、铝、钾、硅	《土壤和沉积物 11 种元素的测定 碱熔 - 电感耦合等离子体发射光谱法》(HJ 974—2018)	电感耦合等离子体发射光谱仪

续上表

序号	分析项目	分析方法	仪器设备
9	汞、砷、硒、铋、锑	《土壤和沉积物　汞、砷、硒、铋、锑的测定　微波消解/原子荧光法》（HJ 680—2013）	原子荧光光谱仪
10	砷	《土壤质量　总汞、总砷、总铅的测定　原子荧光法　第 2 部分：土壤中总砷的测定》（GB/T 22105.2—2008）	原子荧光光谱仪
11	铅	《土壤质量　总汞、总砷、总铅的测定　原子荧光法　第 3 部分：土壤中总铅的测定》（GB/T 22105.3—2008）	原子荧光光谱仪
12	汞	《土壤质量　总汞、总砷、总铅的测定　原子荧光法　第 1 部分：土壤中总汞的测定》（GB/T 22105.1—2008）	原子荧光光谱仪
		《土壤质量　总汞的测定　冷原子吸收分光光度法》（GB/T 17136—1997）	测汞仪
		《土壤和沉积物　总汞的测定　催化热解 – 冷原子吸收分光光度法》（HJ 923—2017）	测汞仪
13	砷、钡、溴、铈、氯、钴、铬、铜、镓、铪、镧、锰、镍、磷、铅、铷、硫、钪、锶、钍、钛、钒、钇、锌、锆	《土壤和沉积物　无机元素的测定　波长色散 X 射线荧光光谱法》（HJ 780—2015）	X 射线荧光光谱仪

2.3.1　原子吸收光谱法

原子吸收光谱法（atomic absorption spectroscopy，AAS）是基于从光源辐射出具有待测元素特征谱线的光，通过试样蒸汽时被蒸汽中待测元素基态原子所吸收，由辐射谱线被减弱的程度来测定试样中待测元素含量的方法。根据原子化的手段不同，可分为火焰原子吸收光谱法（FAAS）、石墨炉原子吸收光谱法（GF – AAS）、氢化物 – 原子吸收光谱法（HG – AAS）。

火焰原子化是样品溶液经雾化后进入燃烧器燃烧，雾珠在火焰温度和火焰氛围的作用下，经历雾化、脱水、升华、熔解、蒸发、解离等变化，产生大量基态原子和部分激发态原子的过程。它具有分析速度快、精密度高、干扰少、操作简单，但原子化效率低、灵敏度不高等特点。石墨炉高温原子化采用直接进样和程序升温方式，具有升温速度快、绝对灵敏度高、原子化效率高的优点，可测元素比火焰法要多。但存在较强的背景吸收，测定精密度不及火焰法。氢化物发生法利用了部分金属元素在强还原剂（如四氢硼钠）的作用下，可生成挥发性共价氢化物的特性，使生成的氢化物在相对较低的温度下被分解，完成原子化过程。能形成相应氢化物的元素有砷、锑、铋、锗、锡、硒、碲和铅等。图 2-3-1 至图 2-3-3 所示分别为火焰原子吸收光谱仪、石墨炉原子吸收光谱仪以及火焰-石墨炉一体机原子吸收光谱仪。

图 2-3-1　火焰原子吸收光谱仪　　　图 2-3-2　石墨炉原子吸收光谱仪

图 2-3-3　火焰-石墨炉一体机原子吸收光谱仪

2.3.2　电感耦合等离子体发射光谱法

电感耦合等离子体发射光谱法（ICP-OES）是一种以电感耦合等离子体作为激发光源进行发射光谱分析的方法，依据元素的原子或离子在电感耦合等离子炬激发源的作用下变成激发态，利用激发态的原子或离子返回基态时所发射的特征光谱来测定物质中元素的组成和含量。ICP-OES 具有分析精度高、精密度好、线性范围宽、基体干扰少和可多元素同时测定等优点，但仪器成本高，对某些元素存在灵敏度还不够高、雾化效率低的问题。电感耦合等离子体发射光谱仪如图 2-3-4 所示。

2.3.3　电感耦合等离子体质谱法

电感耦合等离子体质谱法（ICP-MS）的进样部分和等离子体与 ICP-OES 基本相同，但其检测原理存在本质的区别。ICP-MS 是以电感耦合等离子体为离子源的一种质谱型元素分析方法。测定时样品由载气（氩气）引入雾化系统进行雾化后，以气溶胶形式进入等离子体中心区，在高温和惰性气氛中被去溶剂化、气化解离和电离，转化成带正电荷的正离子，经离子采集系统进入质谱仪，质谱仪根据质荷比进行分离，根据元素质谱峰强度测定样品中相应元素的含量。电感耦合等离子体质谱仪如图 2-3-5 所示。

ICP-MS 在分析精度、精密度、线性范围、基体干扰和多元素同时测定方面的优势与 ICP-OES 相当。不过 ICP-MS 相较于 ICP-OES 要复杂些，对操作人员的要求更高，检出限一般比 ICP - OES 低 2 ~ 3 个数量级，可实现痕量、超痕量元素以及同位素测定。而 ICP - OES 则线性范围更广，对于土壤中常量金属测定更具优势。

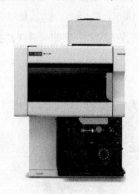 

图 2 - 3 - 4　电感耦合等离子体发射光谱仪　　　　图 2 - 3 - 5　电感耦合等离子体质谱仪

2.3.4　原子荧光光谱法

原子荧光光谱法（atomic fluorescence spectrometry，AFS）的原理是通过待测元素的原子蒸气在辐射能激发下所产生荧光的发射强度来确定待测元素含量。AFS 是介于原子发射光谱和原子吸收光谱之间的光谱分析技术，兼有原子发射和原子吸收两种分析方法的优点，又克服了两种方法的不足。该方法灵敏度高，检出限低，线性范围宽，谱线比较简单，仪器价格便宜，分析速度快、操作简便，能实现多元素同时测定，但仍存在荧光淬灭效应、散射光的干扰、测定的金属种类有限等问题。原子荧光光谱仪主要用于分析汞、砷、锑、铋和硒等元素。原子荧光光谱仪如图 2 - 3 - 6 所示。

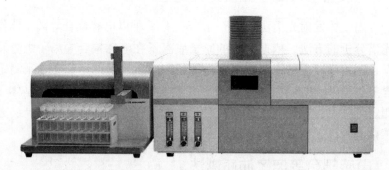

图 2 - 3 - 6　原子荧光光谱仪

2.3.5　X 射线荧光光谱法

X 射线荧光光谱法（X - ray fluorescence spectrometry，XRF）通过测量原子内层电子跃迁产生的特征 X 射线强度来实现对元素的定性、定量分析。它具有分析简便、精密度和准确度高、不破坏样品、分析浓度范围广、自动化程度高以及能同时快速分析多种元素的优点。根据分析的用途不同，X 射线荧光光谱仪可分为便携式 X 射线荧光光谱仪（见图 2 - 3 - 7）和台式 X 射线荧光光谱仪（见图 2 - 3 - 8）。便携式 X 射线荧光光谱仪体积小巧，便于携带，但达不到大型 X 射线荧光光谱仪的分析精度，一般为定性半定量，但可在数十秒的时间内实现铅、镉、铜、砷、钴、锰等24种金属元素的同时检测，大大提高工作效率，常用于土壤采样现场样品筛查。台式X射线荧光光谱仪则适用于实验室样品分析，需对样品进行烘干、过筛、压片处理后上机测定分析，其分析结果相较于便携式X射线荧光光谱仪具有更高的稳定性、准确度和重现性。

图 2-3-7 便携式 X 射线荧光光谱仪

图 2-3-8 台式 X 射线荧光光谱仪

2.4 有机污染物测定方法

建设用地土壤监测中涉及的有机污染物一般有挥发性有机物、半挥发性有机物、石油烃、多氯联苯、多环芳烃以及一些有机农药。许多有机污染物具有高毒性，例如，多氯联苯属于1类致癌物，容易累积在脂肪组织，造成脑部、皮肤以及内脏的疾病，并影响神经、生殖和免疫系统；六六六、DDT等有机氯农药对人的慢性毒性表现为食欲不振、体重减轻，甚至产生小脑失调、造血器官障碍等危害。有机污染物难降解、易累积，对人类生命健康存在很大威胁，而土壤是有机污染物在环境中分布、归趋的重要介质，所以，对土壤中有机污染物的含量要密切关注。

土壤中的有机污染物分析测定一般用气相色谱法、高效液相色谱法和气相色谱-质谱法。常见有机污染物监测方法见表2-4-1。

表 2-4-1 有机污染物监测方法及指标

序号	分析项目	分析方法	仪器设备
1	2,2′,3,4,4′,5,5′-七氯联苯（PCB180）、2,2′,3,4,4′,5′-六氯联苯（PCB138）、2,2′,4,5,5′-五氯联苯（PCB101）等18种多氯联苯	《土壤和沉积物 多氯联苯的测定 气相色谱法》（HJ 922—2017）	气相色谱仪
2	苯酚、甲基苯酚、二氯苯酚、三氯苯酚、四氯苯酚、4-硝基苯酚等21种酚类化合物	《土壤和沉积物 酚类化合物的测定 气相色谱法》（HJ 703—2014）	气相色谱仪
3	α-六六六、β-六六六、γ-六六六（林丹）、δ-六六六、o,p′-DDT、p,p′-DDD、p,p′-DDE、p,p′-DD	《土壤中六六六和滴滴涕测定的气相色谱法》（GB/T 14550—2003）	气相色谱仪

续上表

序号	分析项目	分析方法	仪器设备
4	六六六、DDT、α-硫丹、β-硫丹、艾氏剂、狄氏剂、环氧七氯、七氯等15种有机氯农药	《土壤和沉积物 有机氯农药的测定 气相色谱法》（HJ 921—2017）	气相色谱仪
5	石油烃（C_{10}—C_{40}）	《土壤和沉积物 石油烃（C_{10}—C_{40}）的测定 气相色谱法》（HJ 1021—2019）	气相色谱仪
6	萘、二氯乙烷、三氯乙烷、四氯乙烷、氯乙烯、二氯苯、三氯苯、甲苯等37种挥发性有机物	《土壤和沉积物 挥发性有机物的测定 顶空/气相色谱法》（HJ 741—2015）	顶空/气相色谱仪
7	苯、甲苯、乙苯、苯乙烯、二甲苯、二氯苯、氯苯、异丙苯等12种挥发性芳香烃	《土壤和沉积物 挥发性芳香烃的测定 顶空/气相色谱法》（HJ 742—2015）	顶空/气相色谱仪
8	石油烃（C_6—C_9）	《土壤和沉积物 石油烃（C_6—C_9）的测定 吹扫捕集/气相色谱法》（HJ 1020—2019）	吹扫捕集/气相色谱仪
9	二氯苯、三氯苯、二硝基甲苯、苯胺、邻苯二甲酸二甲（乙）酯、苯并（a）芘、苯并（b）荧蒽、苯酚等65种半挥发性有机物	《土壤和沉积物 半挥发性有机物的测定 气相色谱-质谱法》（HJ 834—2017）	气相色谱-质谱仪
10	3,3′,4,4′-四氯联苯（PCB77）、3,4,4′,5-四氯联苯（PCB81）、3,3′,4,4′,5-五氯联苯（PCB126）等18种多氯联苯	《土壤和沉积物 多氯联苯的测定 气相色谱-质谱法》（HJ 743—2015）	气相色谱-质谱仪
11	丁草胺、丙草胺、乙草胺、异丙甲草胺、异丙草胺、敌稗、杀草丹、甲草胺	《土壤和沉积物 8种酰胺类农药的测定 气相色谱-质谱法》（HJ 1053—2019）	气相色谱-质谱仪
12	毒死蜱、对硫磷、氟虫腈、甲拌磷、乐果、氯菊酯、氯氰菊酯等47种有机磷类和拟除虫菊酯类农药	《土壤和沉积物 有机磷类和拟除虫菊酯类等47种农药的测定 气相色谱-质谱法》（HJ 1023—2019）	气相色谱-质谱仪

续上表

序号	分析项目	分析方法	仪器设备
13	六六六、DDT、α-硫丹、β-硫丹、艾氏剂、狄氏剂、环氧七氯、七氯等 23 种有机氯农药	《土壤和沉积物　有机氯农药的测定　气相色谱-质谱法》（HJ 835—2017）	气相色谱-质谱仪
14	苯并（a）蒽、苯并（a）芘、苯并（b）荧蒽、苯并（ghi）芘、苯并（k）荧蒽、荧蒽等 16 种多环芳烃	《土壤和沉积物　多环芳烃的测定　气相色谱-质谱法》（HJ 805—2016）	气相色谱-质谱仪
15	二氯乙烷、三氯乙烷、四氯乙烷、氯乙烯、二氯苯、甲苯、乙苯、二甲苯等 35 种挥发性有机物	《土壤和沉积物　挥发性有机物的测定　顶空/气相色谱-质谱法》（HJ 642—2013）	顶空/气相色谱-质谱仪
16	二氯甲烷、二氯乙烷、三氯乙烷、四氯乙烷、二氯丙烷、四氯化碳、二氯乙烯等 35 种挥发性卤代烃	《土壤和沉积物　挥发性卤代烃的测定　顶空/气相色谱-质谱法》（HJ 736—2015）	顶空/气相色谱-质谱仪
17	碘甲烷、二硫化碳、丙酮、二氯乙烷、三氯乙烷、四氯乙烷、氯乙烯、二氯苯、三氯苯、甲苯、乙苯、二甲苯等 65 种挥发性有机物	《土壤和沉积物　挥发性有机物的测定　吹扫捕集/气相色谱-质谱法》（HJ 605—2011）	吹扫捕集/气相色谱-质谱仪
18	二氯甲烷、二氯乙烷、三氯乙烷、四氯乙烷、二氯丙烷、四氯化碳、二氯乙烯等 35 种挥发性卤代烃	《土壤和沉积物　挥发性卤代烃的测定　吹扫捕集/气相色谱-质谱法》（HJ 735—2015）	吹扫捕集/气相色谱-质谱仪
19	仲丁通、去草净、扑灭津、阿特拉津等 11 种三嗪类农药	《土壤和沉积物　11 种三嗪类农药的测定　高效液相色谱法》（HJ 1052—2019）	高效液相色谱仪
20	苯并（a）蒽、苯并（a）芘、苯并（b）荧蒽、苯并（ghi）芘、苯并（k）荧蒽等 16 种多环芳烃	《土壤和沉积物　多环芳烃的测定　高效液相色谱法》（HJ 784—2016）	高效液相色谱仪
21	甲醛、乙醛、丙醛、丁醛、苯甲醛、丙酮、丁烯醛、丙烯醛等 15 种醛、酮类化合物	《土壤和沉积物　醛、酮类化合物的测定　高效液相色谱法》（HJ 997—2018）	高效液相色谱仪
22	草甘膦	《土壤和沉积物　草甘膦的测定　高效液相色谱法》（HJ 1055—2019）	高效液相色谱仪

续上表

序号	分析项目	分析方法	仪器设备
23	二噁英类	《土壤和沉积物 二噁英类的测定 同位素稀释高分辨气相色谱－高分辨质谱法》（HJ 77.4—2008）	同位素稀释高分辨气相色谱－高分辨质谱仪
		《土壤、沉积物 二噁英类的测定 同位素稀释/高分辨气相色谱－低分辨质谱法》（HJ 650—2013）	同位素稀释/高分辨气相色谱－低分辨质谱仪

2.4.1 气相色谱法

气相色谱法（gas chromatography，GC）是用气相色谱仪来测定土壤污染物的提取液的方法。气相色谱仪主要利用物质的沸点、极性和吸附性质的差异，将不同组分分离出来并进行检测。注入气相色谱仪的样品在进样口处经过高温气化，经载气携带进入色谱柱，不同的色谱柱具有不同的固定相，利用样品中不同组分在色谱柱固定相和流动相（载气）之间的分配比差异，使各组分在色谱柱中分离，依次进入检测器，在检测器的作用下，产生电信号并计算出各组分含量。常用的检测器有电子捕获检测器（ECD）、氢火焰离子化检测器（FID）、火焰光度检测器（FPD）等。

气相色谱法有填充柱气相色谱法和毛细管柱气相色谱法。毛细管柱最早出现于 1957 年，由美国科学家 Golay 提出，当时被称为开管柱。毛细管柱内径为 0.1 ~ 0.5 mm，长度为 10 ~ 300 m，每米理论塔板数为 2 000 ~ 5 000，与填充柱相当，但由于柱子很长，其总柱效可达 10^6，分辨率更高，因此被广泛使用。

气相色谱仪（见图 2－4－1）柱效高、检测器灵敏度高，气相色谱的流动相为气体，无毒，易于处理，操作容易，多用于分析挥发性有机物、有机氯农药、有机磷农药、多氯联苯等沸点不超过 500 ℃ 的热稳定物质。

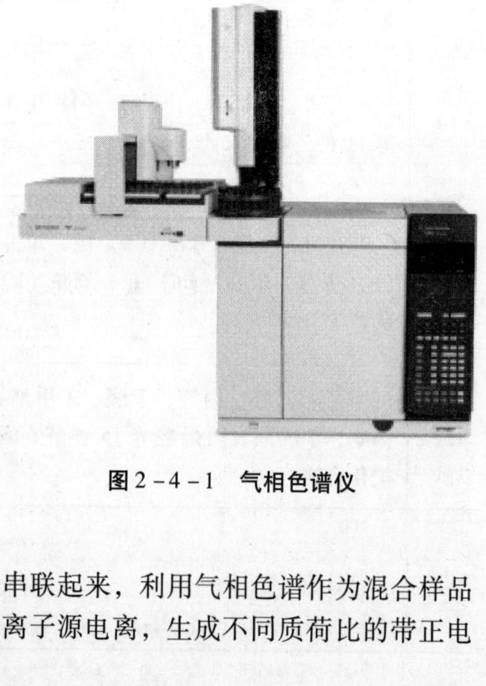

图 2－4－1 气相色谱仪

2.4.2 气相色谱－质谱法

气相色谱－质谱法是将气相色谱仪和质谱仪串联起来，利用气相色谱作为混合样品的分离手段，把分开后的组分送入质谱仪中，经离子源电离，生成不同质荷比的带正电荷的离子，在加速电场的作用下形成离子束，经质量分析器按照质荷比大小进行分离，检测器检测到离子束转化成的电信号，最终输出色谱图、质谱图等结果。

高分辨质谱是普通的低分辨质谱通过改善重复性、信噪比和质谱峰检测，大大提高质谱数据的质量精度，所以，与普通质谱相比，高分辨质谱的测试结果更加精确，且可以准确地推断分子元素。

气相色谱 - 质谱仪（GC - MS）（见图 2 - 4 - 2）具有灵敏度高、样品用量少、分析速度快等优点，可以同时进行定性和定量分析，可用于半挥发性有机物、农药残留等成分复杂的组分分析，因此可以大大提高分析工作效率。

图 2 - 4 - 2　气相色谱 - 质谱仪

气相色谱仪和气相色谱 - 质谱仪除了常规进样外，针对易受干扰且易挥发的有机物，还可使用顶空进样的方式。顶空进样分静态顶空进样法和动态顶空进样法，动态顶空进样又称吹扫捕集进样。采用顶空进样可以净化样品，减少实验的干扰因素，使分析结果更加可靠。

2.4.3　高效液相色谱法

高效液相色谱法（high performance liquid chromatography，HPLC）是在液相色谱仪的基础上，增加高压泵，使用高效微粒固定相，提高柱效和灵敏度。高效液相色谱仪的原理与气相色谱仪相似，但其流动相为极性或非极性液体。常用的检测器有紫外检测器、荧光检测器、二极管阵列检测器等。

高效液相色谱仪（见图 2 - 4 - 3）选择性好、应用范围广、柱效较高，但受柱长限制，柱效达不到气相色谱仪的水平。液相色谱检测器灵敏度较高，可分析多环芳烃、醛酮类、苯胺等热不稳定以及高沸点、分子量大的物质，但液相色谱的流动相多数有毒，如乙腈、甲醇等，并且运行费用相对较高。

图 2 - 4 - 3　高效液相色谱仪

第3章
现场采样技术与质量控制要点

3.1 定位和探测技术

建设用地土壤污染状况调查针对的地块往往存在错综复杂的电缆、管线、沟、槽等地下障碍物，钻探单位在不了解区域和点位的地下情况时贸然施工操作，容易导致安全事故的发生，因此，运用多种定位和探测技术确认钻孔区域是否有地下管线或其他地下构筑物是开展采样调查工作的必要前提。

钻探采样前，根据地块现场实际情况，可采用卷尺、GPS 卫星定位仪、经纬仪和水准仪等工具确定现场采样点的具体位置和地面标高，并在图中标出。其中，RTK（real-time kinematic，实时动态）和全站仪设备由于具备超高的精准度，常应用于建设用地土壤污染状况调查定位测绘工作，定位一般选用国家大地 2000 坐标系（CGCS2000），测绘后的坐标定位可在合适的基准点下，转换为其他坐标系（如十进制坐标系、西安 80 坐标系、城市自建坐标系等）。另外，可采用金属探测器或探地雷达等设备探测地下障碍物，确保钻探采样位置避开地下电缆、管线、沟、槽等地下障碍物。采用水位仪可测量地下水水位，采用油水界面仪可探测地下水非水相液体。

部分常见现场定位和探测设备分别见图 3 - 1 - 1 和图 3 - 1 - 2。

便携式 GPS 卫星定位仪   RTK   全站仪

图 3 - 1 - 1 常见现场定位设备

金属探测器　　　　探地雷达　　　　水位仪　　　　油水界面仪

图 3 - 1 - 2　常见现场探测设备

3.2　土孔钻探

正确采集土壤样品是保证土壤监测数据准确性和代表性的前提，选取合适的钻探方法和设备是土壤取样重要环节之一。常见的钻探方法有以下几种：

（1）探坑法。探坑法即在地表开挖深度不大的探坑进行土壤取样。探坑法可以从三维的角度描述地层条件，观察到土壤的新鲜面，便于拍照、记录颜色和岩性等基本信息，也易于取得较多样品。由于工具简单，操作方便，探坑法可以在较狭小的空间进行作业，适用于多种地面。

探坑法人工挖掘深度一般不宜超过 1.2 m，除非有足够安全的支护措施，如采用轮式/履带式的挖掘机最大深度约为 4.5 m。污染物存在和运移的媒介暴露于空气中，会造成污染物变质及挥发性物质的挥发，不适合在地下水位以下取样；对场地的破坏程度较大，挖掘出来的污染土壤易造成二次污染；与钻孔勘探方法相比，产生弃土较多；污染物更易于传播到空气或水体当中，需要回填清洁材料。

（2）手工钻探法。手工钻探可用于地层校验和采集设计深度的土壤样品，适用于松散的人工堆积层和第四纪沉积的粉土、黏性土地层，即不含大块碎石等障碍物的地层，也适用于机械难以进入的场地。

由于手工钻探法采用人工操作，最大钻进深度一般不超过 5 m，受地层的坚硬程度和人为因素影响较大，当有碎石等障碍物存在时，很难继续钻进；钻探过程中，由于会有杂物掉进钻探孔中，可能导致土壤样品交叉污染，且只能获得体积较小的土壤样品。

（3）冲击钻探法。冲击钻探是建设用地土壤污染状况调查工作的常用钻探方式，深度可达 30 m，钻进过程无须添加水或泥浆等冲洗介质，可以采集未经扰动的土壤样品（如挥发性有机物）；也可采集到多类型样品，包括污染物分析试样、土工试验样品、地下水试样，还可用于地下水采样井建设，对人员健康安全和地面环境影响较小。

相对探坑法而言，冲击钻探法缺乏对地层的直观感性认识，也需要处置从钻孔中钻探出来的多余样品。

（4）螺旋钻探法。螺旋钻探深度可达 40 m，不需要泥浆护壁，避免了泥浆对土壤样品的污染。采样井建设可以在钻杆空心部分完成，避免钻孔坍塌，适用于挥发性有机物土壤样品的采集。

螺旋钻探不可用于坚硬岩层、卵石层和流沙地层，钻进深度也受钻具和岩层的共同影响。

（5）直推式钻进法。直推式钻进适用于均质地层，典型采样深度为 6~7.5 m，钻进过程无须添加水或泥浆等冲洗介质，可采集原状土芯，适用于挥发性有机物土壤样品的采集。

直推式钻进法对操作人员技术要求较高，且不可用于坚硬岩层、卵石层和流砂地层。直推式钻进典型钻孔直径为 3.5~7.5 cm，对于建设采样井的钻孔需进行扩孔。

上述钻探方法中，冲击钻探因适用范围广、效率较高而广泛应用于建设用地土壤污染状况调查工作中，但选取单一的钻探方式有时难以满足复杂场地的地形要求。例如，对于室内空间狭窄或者高度较低的点位，钻机无法进场，只能采用手工钻探进行土孔钻探。各类钻探方法的适用情况见表 3-2-1。

表 3-2-1　各类钻探方法的适用情况

钻探方法	适合土层				
	黏性土	粉土	砂土	碎石、卵砾石	岩石
探坑法	+ +	+ +	+ +	+ +	—
手工钻探法	+ +	+ +	—	—	—
冲击钻探法	+ +	+ +	+ +	+	—
旋转钻探法	+ +	+	+	—	—
直推式钻进法	+ +	+ +	+ +	—	—

备注："+ +"表示适用；"+"表示部分适用；"—"表示不适用。

钻探方法和设备的选取应综合考虑地块的地层岩性、污染物特性、周边建构筑物条件、安全条件和采样深度等因素，并满足取样的要求。

3.3　样品现场快速检测

为了能更好地选取有代表性的土壤样品，准确捕获污染，同时减少实验室送检样品量，在实际采样过程中，一般需要根据地块污染情况，使用便携式光离子化检测仪（photo ionization detector，PID）对土壤样品中的 VOCs 进行快速检测，使用便携式 X 射线荧光光谱仪对土壤样品中的重金属进行快速筛查检测。根据检测的初步结果，结合土壤污染状况、分层信息等确定土壤采样位置和实验室送检样品。

样品筛查前，应根据地块污染情况和仪器灵敏度水平，设置便携式 PID、XRF 等现场快速检测仪器的最低检出限和报警限（仅便携式 PID 可设置），并将现场使用的便携式仪器的型号和最低检出限记录于相关表格中。

3.3.1　土壤中 VOCs 快速检测

目前，涉及 VOCs 污染的地块环境调查与监测一般需使用便携式有机物快速测定仪对土壤中 VOCs 的总量进行筛查，常用的设备包括便携式光离子化检测仪，见图 3-3-1。

目前，市场上常见的便携式 PID 设备可针对不同挥发性有机物

图 3-3-1　便携式光离子化检测仪

进行筛查，一般情况下，大多采用使用寿命相对较长、灵敏度较高的 10.6 eV 款便携式 PID 设备进行现场快速筛查。

具体操作步骤可参考重点行业企业用地调查系列技术文件中的步骤：用采样铲在 VOCs 取样相同位置采集土壤置于聚乙烯自封袋中，自封袋中土壤样品体积应占 1/2 ~ 2/3 自封袋体积；取样后自封袋应置于背光处，避免阳光直晒，取样后在 30 min 内完成快速检测。检测时，将土样尽量揉碎，放置 10 min 后摇晃或振荡自封袋约 30 s，静置 2 min 后将 PID 探头放入自封袋顶空 1/2 处，紧闭自封袋，记录最高读数。

3.3.2 土壤中重金属快速检测

便携式 X 射线荧光光谱仪采用快速无损检测（NDT）技术，是一种基于 XRF 光谱分析技术的便携式分析仪器，能对土壤中重金属含量进行快速的初步检测，用来判断土层污染状况，确定采样位置，见图 3 – 3 – 2。

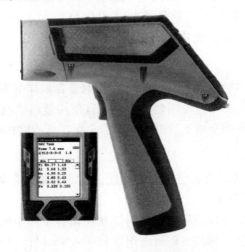

图 3 – 3 – 2 便携式 X 射线荧光光谱仪

具体操作可参考如下步骤：将仪器取出，开机预热后，开始仪器校准。一般校准时，用便携式 X 射线荧光光谱仪扫描校准金属牌，校准完毕后仪器即可使用。将快检样品装到自封袋中，将样品压实铺平（尽量将样品与探头接触的地方铺平），使样品可以充分与探头接触。按开始检测按钮，一般扫描时间为 30 s 以上，若数据未稳定，需要适当加长扫描时间。检测结束后，记录快检时间与快检结果。需要注意的是，检测样品的密度和含水率会显著影响快速检测的结果。

3.4 样品采集

采集进场前需做好采样计划安排，采样计划应包括：采样目的、采样点位、采样项目、采样频次、采样时间和路线、采样人员及分工，采样过程的质量保证和质量控制措施、采样器材和交通工具、现场记录表、现场监测的项目、个人防护及安全保障等。

建议监测单位与调查单位在采样前一起前往现场提前确认采样点位，确保样品有序采集。

钻孔采样应在无雨天气下进行，防止雨水冲刷土壤造成交叉污染。采样环境应光线充足，原则上不建议夜间钻孔取样，特殊情况无法避免需在夜间钻孔采样时，应采取有效的照明措施，确保钻机能安全钻探施工和正确识别土壤的结构特征。

3.4.1　理化指标样品

建设用地土壤污染状况调查项目中，一般需要检测土壤 pH 值、干物质（含水率）、有机质等理化指标，实际采样过程中理化指标样品常与重金属样品一起采集，具体方法及采样工具与重金属样品一致。

3.4.2　重金属和无机物样品

本章节土壤重金属样品的采集要求，主要参考《广东省建设用地土壤污染状况调查、风险评估及效果评估报告技术审查要点（试行）》和《建设用地土壤污染防治　第 3 部分：土壤重金属监测质量保证与质量控制技术规范》（广州市地方标准，DB4401/T 102.3—2020），无机物（如氰化物）采样可参照重金属采样。

1. 采样工具

采样工具一般包括木铲、竹刀、竹片以及其他适合采样的工具，快速检测设备，自封袋或玻璃瓶等。采样工具不宜使用金属材质，宜使用塑料铲或木（竹）质铲、塑料托盘或木质托盘等，必须使用金属工具时，应用非金属工具清除接触面土壤。

2. 采样技术要点

（1）去除硬化层。如点位表层存在硬化层，需先去除表层硬化层，去除硬化层后，土壤表层 0~50 cm 设置至少一个采样点。

采样点可采表层样品（建设用地土壤污染状况调查工作中的土壤背景点样品一般采集表层样品）或深度样品。样品采集时应用塑料铲或木（竹）质铲等非金属采样铲剔除 1~2 cm 表层土壤，在新的土壤切面处采集样品。

（2）分层采样。深度 50 cm 以下采用分层采样，在不同性质的土层至少各采集一个土壤样品，采样位置应设置在各土层交界面；同一土层建议使用便携式 X 射线荧光光谱仪对土壤重金属进行快速检测，筛选出污染物浓度最高点进行采样，在使用现场快速检测设备时应拍照留存，并记录快速检测结果（部分快筛设备可导出监测数据表格）。如无快速检测设备，可通过识别土壤的异常颜色及气味等信息，尽量捕获同一土层污染程度最高的区域并对其进行采样。不同土壤样品采集应更换手套，保证土壤样品在采集过程中不被二次污染。

（3）采集混合样。重金属样品需采集混合样，将各点采集的等量土壤样品置于塑料托盘或木质托盘充分混拌后，通过四分法用木质采样工具分取土壤混合样。如需采集平行样时，将采集的土壤样品置于塑料托盘或木质托盘充分混拌后再分装得到平行样。

（4）样品盛装。采样过程应剔除石块、植物根系等杂质，保持采样瓶口螺纹清洁以防止密封不严。可以用聚乙烯自封袋采集，用木质采样铲将土壤转移至聚乙烯自封袋后密封保存。

3.4.3 挥发性有机化合物样品

本章节土壤挥发性有机物样品的采集要求，主要参考《广东省建设用地土壤污染状况调查、风险评估及效果评估报告技术审查要点（试行）》和《建设用地土壤污染防治 第 4 部分：土壤挥发性有机物监测质量保证与质量控制技术规范》（广州市地方标准，DB4401/T 102.4—2020）。

1. 采样工具

采样工具一般包括非扰动采样器、原状取土器、40 mL 棕色样品瓶、60 mL 棕色样品瓶、快速检测设备。

2. 采样要点

（1）钻探要求。表层土壤和深层土壤的采样均应采用钻孔方式，可根据所在区域的土层特征、钻探作业条件选择合适的土壤钻探设备。钻探过程防止土壤扰动、发热，减少挥发性有机物的挥发损失。应采用冲击钻探法或直压式钻探法等钻孔方式，不允许采用空气钻探法和回转钻探法。土壤机械钻探设备应配置原状取土器，获取完整的原状土芯。应尽量选择无浆液钻进，钻孔过程中应使用套管，防止钻孔坍塌和上下层交叉污染，套管之间的螺纹连接处不应使用润滑油。两次钻孔之间钻探设备应进行清洗；同一钻孔在不同深度采样时应对取样设备进行清洗或更换。

（2）现场快速测定。当需采集用于测定不同类型污染物的土壤样品时，应优先采集用于测定挥发性有机物的土壤样品。建议视目标化合物和现场条件，选择合适的光离子化检测仪（PID）对土壤中的挥发性有机物进行初步筛查。一般情况下，应优先选择测定读数相对较高的土壤样品送实验室检测分析。

（3）样品采集。取土器将柱状的钻探岩芯取出后，先采集用于检测 VOCs 的土壤样品，具体流程和要求如下：用刮刀剔除 1～2 cm 表层土壤，在新的土壤切面处快速采集样品，采样时应尽量减少对样品的扰动，禁止对样品进行均质化处理，不得采集混合样品。

在使用非扰动采样器采样时，应采集不少于 5 g 原状岩芯的土壤样品推入 40 mL 棕色样品瓶中，如直接从原状取土器中采集土壤样品，应刮除原状取土器中土芯表面约 2 cm 的土壤（直压式取土器除外），在新露出的土芯表面采集样品；如原状取土器中的土芯已经转移至垫层，应尽快采集土芯中的非扰动部分。非扰动采样器的一次性采样管不可重复使用；不同土壤样品采集应更换手套；与土壤接触的其他采样工具重复使用时应用自来水洗净，再用蒸馏水淋洗。

检测 VOCs 的土壤样品应采集 3 份（不加甲醇，加 1 个磁力搅拌棒），同时再单独采集 2 份样品用于测定可能存在的高浓度挥发性有机物。在 40 mL 土壤样品瓶中预先加 10 mL 甲醇（色谱级或农残级）保护剂，以样品能够全部浸没于甲醇中的用量为准，称重（精确到 0.1 g），带到现场。5 份 VOCs 样品均采集约 5 g 土壤，推入时将样品瓶略微倾斜，防止将保护剂溅出，采集后快速清除瓶口螺纹处黏附的土壤，拧紧瓶盖。

此外，根据《土壤和沉积物 挥发性有机物的测定 吹扫捕集/气相色谱－质谱法》（HJ 605—2011）要求，应单独采集 1 份样品用于测定干物质含量（60 mL 土壤样品瓶采集满瓶)。样品采集后所有样品应置于 4 ℃ 以下的低温环境(如冰箱)中运输、保存,避免运输、保存过程中的挥发损失,送至实验室后应在 7 天内完成分析测试。

3.4.4　半挥发性有机化合物样品

1. 采样工具

采样工具一般包括木铲、不锈钢铲等适宜采样的工具和 250 mL 棕色广口玻璃瓶。

2. 采样要点

半挥发性有机化合物不可采集混合样品,采样过程中应尽量避免扰动。剔除石块等杂质后,用合适的洁净工具(不能使用塑料制品)将采集到的样品转移到 250 mL 棕色广口玻璃瓶中,土壤装样过程中,尽量减少土壤样品在空气中的暴露时间,样品要尽量充满整个瓶空间,贴好标签,做好相关记录,放入冷藏箱中保证 4 ℃ 低温存放,并尽快送实验室检测。采样过程应保持采样瓶口螺纹清洁以防止密封不严。

3.4.5　石油烃 (C_6—C_9) 样品

1. 采样工具

采样工具一般包括木铲、不锈钢铲和 100 mL 棕色广口玻璃瓶。

2. 土壤样品采集要点

按照《土壤环境监测技术规范》(HJ/T 166—2004)中挥发性有机物的相关要求采集和保存土壤样品,用木铲剔除 1~2 cm 表层土壤,用不锈钢快速采集样品并装入 100 mL 棕色广口玻璃瓶中,装满并压实密封。采集 2 份平行样品。采样过程中应尽量避免扰动,不得采集混合样品。样品采集后,放入冷藏箱中保证 4 ℃ 低温避光存放,尽快送往实验室且在 7 天内完成分析测试。样品存放区域应无有机物干扰。

3.4.6　二噁英类样品

1. 采样工具

采样工具和样品容器均应符合 HJ/T 166—2004 的要求,采样工具和样品盛装容器均应采用对二噁英类无吸附作用的不锈钢或铝合金材质器具。

2. 采样方法

土壤样品采集参照 HJ/T 166—2004 执行,采样工具保持清洁,采样前使用水和有机溶剂清洗采样工具,避免采集的样品间的交叉污染。采样时应记录样品的名称、来源、采样量、保存状况、采样点位、采样日期、采样人员等信息。样品应尽快送至实验室进行样品制备和样品分析。

3.4.7　现场记录和标签要求

采样的同时,由专人填写样品标签、采样记录。标签建议一式两份,一份可贴在自封袋内侧,防止掉落,一份可系在袋口。标签上标注采样时间、采样地点、样品编号、监测项目和经纬度。采样结束后，需逐项检查采样记录、样袋标签和土壤样品，如果有缺项和错误，应及时补齐更正。

3.4.8　现场质量控制样品

（1）全程序空白样品。挥发性有机物样品每批次均需采集 1 个全程序空白样。具体步骤为：采样前在实验室将 10 mL 甲醇装入 40 mL 土壤样品瓶中密封，将其带到现场。与采样的样品瓶同时开盖和密封，随样品运回实验室，按与样品相同的分析步骤进行处理和测定，用于检查样品采集到分析全过程是否受到污染。

（2）运输空白样品。挥发性有机物样品每批次均应采集 1 个运输空白样。具体步骤为：采样前在实验室将 10 mL 甲醇装入 40 mL 土壤样品瓶中密封，将其带到现场。采样时使其瓶盖一直处于密封状态，随样品运回实验室，按与样品相同的分析步骤进行处理和测定，用于检查样品在运输过程中是否受到污染。

3.4.9　常见问题解析

目前土壤 VOCs 样品通常采用《土壤和沉积物　挥发性有机物的测定　吹扫捕集/气相色谱 - 质谱法》（HJ 605—2011）检测分析。根据方法要求，在现场采样时，应提前预判土壤中 VOCs 的浓度，再根据不同浓度按照要求采集对应的样品量。考虑到在实际工作中难以提前准确判断土壤中 VOCs 浓度，且 1 g 土壤样品在实际操作过程中不方便采集，因此在实际采样过程中，综合《重点行业企业用地调查初步采样常见问题解答》和《广东省建设用地土壤污染状况调查、风险评估及效果评估报告技术审查要点（试行）》等文件的要求，本书推荐土壤 VOCs 样品采集 3 瓶 5 g（不加甲醇，加 1 个磁力搅拌棒）、2 瓶 5 g（加 10 mL 甲醇）、1 瓶满瓶（60 mL或以上）。

3.5　现场拍照要求

土壤采样过程中应对钻孔位置、钻孔过程、快筛过程、采样过程、样品及岩芯箱等关键信息拍照/录像；所有照片/录像拍摄时，可使用小白板写明当前钻孔编号、采样单位名称、采样日期等信息，置于采样现场一同拍摄，所有信息也可采用视频方式进行记录，以备监督或质控。具体的拍照要求如下，部分拍照示例可见图 3 - 5 - 1 至图 3 - 5 - 8。

（1）采样拍照要求：按照钻井东、南、西、北四个方向进行拍照记录，照片应能反映周边建构筑物、设施情况，以点位编号加 E、S、W、N 分别作为东、南、西、北四个方向照片名称；土壤样品采集过程应针对采样工具、采集位置、VOCs 和 SVOCs 采样瓶土壤装样过程、盛放柱状样的岩芯箱、现场检测仪器使用等关键信息拍照/录像记录，每个关键信息至少 1 张照片和 1 个视频。

（2）钻孔拍照要求：应体现钻孔作业中开孔、套管、钻杆更换和取土器使用、原状土样采集等环节要求，每个环节至少 1 张照片。

（3）岩芯箱拍照要求：体现整个钻孔土层的结构特征，重点突出土层的地质变化和污染特征，每个岩芯箱至少 1 张照片。

（4）其他照片还包括钻孔（含钻孔编号和钻孔深度）、钻孔记录单照片等。

图 3-5-1　XRF 现场快筛照片

图 3-5-2　PID 现场快筛照片

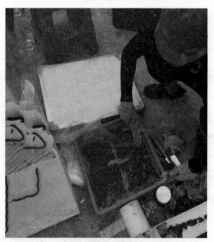

图 3-5-3　土壤重金属样品采集照片

图 3-5-4　岩芯箱拍照

图 3-5-5　VOCs 样品采集拍照

图 3-5-6　土壤钻孔拍照

图 3 - 5 - 7　SVOCs 样品采集拍照

图 3 - 5 - 8　地下水建井套管拍照

具体拍照内容及要求见表 3 - 5 - 1。

表 3 - 5 - 1　拍照内容及要求

采样阶段	拍摄内容	备注
采样前准备	采样点周边环境照片	采样点位东、南、西、北四个方向，包含钻机工作场景
	采样设备与工具	体现整体布局、采样工具、保存工具、快筛设备、套管钻孔图、岩芯箱
	体现钻探位置和标记采样点位置关系的照片	—
土孔钻探	体现钻机类型及开孔等照片	—
	钻探过程套管跟进的照片	—
	清洗钻管、清洗岩芯箱等照片	—
	土壤钻孔岩芯箱（标记深度及变层位置）	体现整个钻孔土层的结构特征，重点突出浅层地下水初见水位、土层的地质变化和污染特征
样品采集	PID 和 XRF 快筛照片	
	VOCs 样品采集过程照片	须体现采集工具（非扰动采样器）、采集方式（45 度倾角、采样器进入瓶口）及样品瓶类型（是否加甲醇）、擦拭瓶口
	SVOCs、重金属及其他类型样品采集照片	体现采集工具、采集方式、样品瓶类型
样品保存	采集的全部样品合照	—
	样品保存条件照片	应体现保温箱类型及蓝冰等蓄冷剂
	现场采样记录纸照片	—

3.6 样品保存与流转

3.6.1 样品的保存

不同土壤样品分析项目,对应样品的保存条件也存在差异。重金属和无机物通常用玻璃瓶/聚乙烯袋采集,挥发性有机物和半挥发性有机物宜使用具有聚四氟乙烯密封垫的螺纹棕色瓶收集样品。样品运输过程中严防样品的损失、混淆和沾污,避免阳光直射样品。常规土壤样品保存方式与条件见表 3-6-1。

表 3-6-1 常规土壤检测样品保存方式与条件

项目类型	检测项目	检测方法文件编号	分装容器及规格	样品保存条件	保存时间	样品保存依据文件编号
基础理化性质	pH 值	HJ 962—2018	聚乙烯袋	<4 ℃	鲜样 180 d	无明确规定
	干物质/水分	HJ 613—2011	聚乙烯袋	<4 ℃	鲜样 180 d	无明确规定
	有机质	NY/T 85—1988、NY/T 1121.6—2006	聚乙烯袋	<4 ℃	鲜样 180 d	无明确规定
重金属和无机物	砷	GB/T 22105.2—2008、HJ 803—2016、HJ 680—2013	聚乙烯袋/G	<4 ℃	鲜样 180 d	HJ/T 166—2004
	镉	GB/T 17141—1997	聚乙烯袋/G	<4 ℃	鲜样 180 d	HJ/T 166—2004
	六价铬	HJ 1082—2019	聚乙烯袋/G	0~4 ℃	样品制备后 30 d	HJ 1082—2019
	铜	GB/T 17138—1997、HJ 780—2015、HJ 491—2019	聚乙烯袋/G	<4 ℃	鲜样 180 d	HJ/T 166—2004
	铅	GB/T 17141—1997、HJ 491—1997	聚乙烯袋/G	<4 ℃	鲜样 180 d	HJ/T 166—2004
	汞	GB/T 22105.1—2008、HJ 680—2013、GB/T 17136—1997、HJ 923—2017	聚乙烯袋/G	<4 ℃	鲜样 28 d	HJ/T 166—2004
	镍	GB/T 17139—1997、HJ 780—2015、HJ 491—2019	聚乙烯袋/G	<4 ℃	鲜样 180 d	HJ/T 166—2004

续上表

项目类型	检测项目	检测方法文件编号	分装容器及规格	样品保存条件	保存时间	样品保存依据文件编号
重金属和无机物	锑	HJ 680—2013、HJ 803—2016	聚乙烯袋/G	<4 ℃	鲜样 180 d	HJ/T 166—2004
	铍	HJ 737—2015	聚乙烯袋/G	<4 ℃	鲜样 180 d	HJ/T 166—2004
	钴	HJ 803—2016、HJ 780—2015	聚乙烯袋/G	<4 ℃	鲜样 180 d	HJ/T 166—2004
	钒	HJ 803—2016、HJ 780—2015	聚乙烯袋/G	<4 ℃	鲜样 180 d	HJ/T 166—2004
	氰化物	HJ 745—2015	聚乙烯袋/G	<4 ℃	鲜样 2 d	HJ/T 166—2004
挥发性有机物	VOCs	HJ 642—2013、HJ 736—2015、HJ 605—2011、HJ 735—2015、HJ 741—2015、HJ 742—2011	1. 约 5 g×3 瓶（40 mL 棕 G，不含甲醇，加磁力搅拌棒） 2. 约 5 g×2 瓶（40 mL 棕 G，含甲醇） 3. 满瓶×1 瓶（60 mL 棕 G，满瓶）	避光，<4 ℃	鲜样 7 d	HJ 605—2011
半挥发性有机物	SVOCs	HJ 834—2017、HJ 703—2014、HJ 805—2016	棕 G，250 mL	避光，<4 ℃	鲜样 10 d	HJ/T 166—2004
		HJ 784—2016	棕 G，250 mL	避光，<4 ℃	鲜样 7 d	HJ 784—2016
有机农药类	有机氯农药	HJ 835—2017、GB/T 14550—2003	棕 G，250 mL	避光，<4 ℃	鲜样 10 d	HJ 835—2017
		HJ 921—2017	棕 G，250 mL	避光，<4 ℃	鲜样 14 d	HJ 921—2017
		HJ 1052—2019（如阿特拉津）	棕 G，250 mL	避光，<4 ℃	鲜样 15 d，提取液 60 d	HJ 1052—2019
	有机磷农药	HJ 1023—2019（如敌敌畏、乐果）	棕 G，500 mL	避光，<4 ℃	鲜样 7 d	HJ 1023—2019
多氯联苯和二噁英类	多氯联苯	HJ 922—2017	棕 G，250 mL	避光，<4 ℃	鲜样 14 d，提取液 40 d	HJ 743—2015
	二噁英类	HJ 77.4—2008	棕 G，1 L	避光，常温	鲜样 14 d	HJ/T 166—2004

续上表

项目类型	检测项目	检测方法文件编号	分装容器及规格	样品保存条件	保存时间	样品保存依据文件编号
多溴二苯醚	多溴二苯醚	HJ 952—2018	棕 G，250 mL	避光，< −10 ℃	30 d	HJ 952—2018
石油烃类	石油烃（C_{10}—C_{40}）	HJ 1021—2019	棕 G，250 mL	避光，< 4 ℃	鲜样 14 d，提取液 40 d	HJ 1021—2019
	石油烃（C_6—C_9）	HJ 1020—2019	棕 G，100 mL	避光，< 4 ℃	鲜样 7 d	HJ 1020—2019
醛、酮类	15 种醛、酮类化合物	HJ 997—2018	棕 G，250 mL	避光，< 4 ℃	鲜样 5 d，提取液 7 d	HJ 997—2018
备注	G 表示玻璃瓶					

3.6.2　样品的流转

每份样品从采样阶段到送至实验室都应有完整的样品追踪监管程序，主要包括：样品的清点、运输、接收等信息，样品采集日期、时间、深度等记录数据，样品分析项目等其他信息。样品流转具体可细分为以下几个步骤：

（1）样品核对清点。采样人员需要完成样品装运前的核对，要求对样品与采样记录单进行逐个清点，检查无误后分类装箱，并填写相应的记录表格。如果核对发现异常，应及时查明原因，向采样组长进行报告并记录、核实。

样品装运前，填写记录（样品运送单）包括样品名称、采样时间、深度、样品介质、检测指标、检测方法和样品寄送人等信息，样品运送单用防水袋保护，随样品箱一同送达样品检测单位。

样品装箱过程中，要用泡沫材料填充样品瓶和样品箱之间的空隙。样品箱用密封胶带打包。

（2）样品运输。样品流转运输应保证样品完好并低温保存，采用适当的减震隔离措施，严防样品瓶的破损、混淆或沾污，在保存时限内运送至样品检测单位。

针对 VOCs 样品或者分析方法中有明确要求的，应设置运输空白样进行运输过程的质量控制，一个样品运送批次设置一个运输空白样品。

（3）样品接收。样品检测单位收到样品箱后，应立即检查样品箱是否有破损，按照样品运输单清点核实样品数量、样品瓶编号以及破损情况。若出现样品瓶缺少、破损或样品瓶标签无法辨识等重大问题，样品检测单位的实验室负责人应在"样品运送单"中注明，并及时与采样工作组组长沟通。

上述工作完成后，样品检测单位的实验室负责人在纸版样品运送单上签字确认并拍照发给采样单位，样品运送单应作为样品检测报告的附件。样品检测单位收到样品后，按照样品运送单要求，立即安排样品保存和检测。

第 4 章
实验室分析技术与质量控制要点

4.1　土壤样品制备

4.1.1　概述

建设用地土壤样品分析前，需要进行样品制备，通常参照土壤监测技术规范或对应的分析方法要求进行样品制备，对于有机物指标一般采用新鲜样品，无须另外制样处理。而分析土壤理化指标和无机污染物等指标（一般为 pH 值、有机质、全氮、全磷、营养盐类、有效态含量、重金属等）需要采用干燥研磨后的土壤样品，并对土壤样品进行制备，以满足对应的分析方法要求，其主要目的在于保持样品的特征以及代表性。

样品制备方法通常根据具体分析项目确定，主要包括干燥方式（自然风干或设备风干）、研磨方式（人工研磨或机械研磨）、粒径要求（10 目、60 目或 100 目等）。

本节将详细介绍建设用地土壤样品的制备场地设置、制样程序、流转与保存（留样）等操作要求，明确样品制备区域设施配备、制备流程、流转与保存（留样）等技术要点及质控要求。

4.1.2　样品制备场地

建设用地土壤样品制备场地设置根据样品制备阶段主要分设土壤样品风干室与样品制备室（各实验室可自定义样品制备房间名称，满足需求即可），本章节根据相应的实验要求简单介绍各区域设置通用要求如下。

1. 风干室要求

（1）应设置专用土壤风干室，不得与其他区域共用。

（2）风干室宜朝南、向阳，通风良好，整洁。室内无易挥发性化学物质，避免阳光直射土壤样品，同时需要注意防酸或碱等污染，原则上不设开放性窗户，如有窗户，应在窗户上加设防尘措施，防止外部粉尘进入。

（3）风干室设置有样品风干架，用于置放样品，样品置于搪瓷盘内或者木盘内，依次排放置于风干架上，为便于操作同时减少交叉污染，样品风干架上下两层之间的高度建议不少于 30 cm。

（4）风干架上放置的搪瓷盘（或木盘）相隔距离应在 10 cm 以上，或者放置防尘挡板隔开样品，以避免转移或翻动土壤样品时，相邻样品之间的相互交叉污染。

（5）如具备相应条件，风干室应配备视频监控装置，视频监控设备应可拍摄到房间所有区域和角落，监控视频定期留存存档。

2. 制备室要求

（1）土壤样品制备室应配备有制样（研磨）工位，每个工位应互相独立，有单独控制的通风除尘设置与研磨工作台，可采用独立通风橱形式开展（通风橱风速应可调，风速不宜过小以免无法有效排出粉尘，也不宜过大以免风速过大吸走样品造成损耗，建议风速控制在 3~8 m/s），以防止样品交叉污染或混淆。

（2）有条件的实验室，制样工位可按照粗磨、细磨区分设置。

（3）如具备相应条件，制样房间与每个制样工位应配备视频监控设备，视频监控设备应可清晰拍摄到制样过程，监控视频定期留存存档。

4.1.3 制样工具和设备

1. 风干器具

风干用白色搪瓷盘或木盘，牛皮纸，也可使用土壤风干机或冷冻干燥机。

2. 研磨器具

研磨用木槌、木棒、有机玻璃棒、有机玻璃板、聚乙烯薄膜、玛瑙球磨机或玛瑙研钵、白色瓷研钵等器具，研磨器具应采用不对分析项目测试结果产生影响的材质。

3. 过筛工具

过筛用的土壤尼龙筛，根据样品分析指标情况配备，一般应至少包括 10 目（2 mm）、60 目（0.25 mm）、100 目（0.15 mm）孔径，有条件的实验室可配备以上规格尼龙筛的自动筛分仪或其他自动设备。

4. 称量设备

称量使用百分之一天平或十分之一天平。

5. 辅助器具

其他辅助工具包括木铲、四分器具等混匀工具，以及用于分装的玻璃瓶、塑料瓶、牛皮纸袋、塑封袋等容器，工具和容器的具体用类及规格视样品情况而定。

4.1.4 制样程序

土壤样品制备是将采集到的样品剔除非土壤成分，经风干研磨、筛分、混匀等流程，转化为适用于实验室分析方法要求的样品，同时可以相对长期稳定保存的过程。一般建设用地土壤样品制备流程如图 4-1-1 所示。

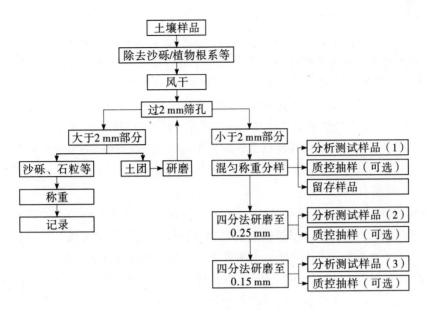

图 4-1-1　土壤样品制备流程图

1. 安全防护要求

建设用地土壤样品制备过程中，包括样品转移、风干、研磨等过程，分析人员必须佩戴手套、口罩、防尘帽（如有必要）、防护服等安全防护设施，确保制样过程人员安全。

2. 样品风干

自然风干是将采集到的新鲜土壤样品置于阴凉干燥处，使土壤中的水分自然挥发的过程。采集的土壤样品经交接分发运送到样品制备场所后，应及时将采集的土壤样品全部转移到铺有牛皮纸的搪瓷风干盘中，核对样品标签信息后于搪瓷盘或者牛皮纸上粘贴样品信息标签（建议双标签）。

将土壤样品分摊成 2~3 cm 厚的薄层，除去土壤中混杂的石砾、树枝、植物残体等，风干过程中应经常翻拌土壤，间断将大块土壤样品压碎并剔除样品里面的树枝、杂草等。翻拌土壤过程中应小心翻拌，防止样品掉落以及交叉污染。对于黏性比较大的土壤，在样品风干过程中，应将大块土捏碎（佩戴手套）或用木质铲切碎，以防止完全干燥后结块难以研磨。

此外，还有设备烘干以及冷冻干燥等方式，各种干燥方式的特点对比如表 4-1-1 所示。

表 4-1-1　不同干燥方式对比

干燥方式	自然风干	设备烘干	冷冻干燥
干燥方式对比	①占地面积要求较大； ②风干时间较长； ③可处理样品量大	①面积需求较小； ②设备要求较高，需单独的自然风供给设备； ③可处理样品数量受限	①干燥时间较短； ②设备价格相对昂贵； ③单批次可处理样品量小

3. 样品粗磨

粗磨是将风干后的土壤样品研磨至通过 2 mm 筛孔的过程。土壤样品经风干后，转移至无色聚乙烯薄膜或者有机玻璃板上（可选择垫上一层干净的牛皮纸），用木槌或木棒或玻璃棒敲打压碎，为保持样品的代表性与准确性，应尽量采用逐级研磨、边磨边筛的方式，直至全部的土壤样品通过 2 mm 孔径筛孔，2 mm 以上的砂粒等予以去除，大于 2 mm 的土团样品继续研磨至全部通过 2 mm 筛孔。研磨过程中对于弃去的样品需小心谨慎，不可随意弃去，以免影响样品代表性，同时应及时填写样品制备原始记录表，记录样品质量（可备注弃样情况）、制样工作、制样时间等信息。一般情况下，粗磨过程应尽量使用手工研磨方式。

4. 样品均化与分取

样品在粗磨后，进行下一步操作之前需要进行样品混匀均化步骤，目的是保持样品的均匀性。将通过 2 mm 筛孔的样品全部置于无色聚乙烯薄膜或者有机玻璃板上，搅拌、混合直至充分均匀为止，可采用翻拌法、提拉法、堆积法等多种方式进行混匀均化操作。

粗磨样品混匀后，在进行下一步分装或细磨之前，应进行四分法取样，采用四分器具进行四分后，对角线取样分为两份，其中一份用于分析测试、质控抽取和留存样品，另外一份样品进行细磨。

5. 样品细磨

细磨是指将通过 2 mm 筛孔后的土壤样品经四分法取样后再进一步研磨至全部通过指定孔径筛网的过程。采用与粗磨相似的方法进行研磨与过筛，细磨部分可以使用手工研磨与机械（如球磨机）研磨两种方式。目前分析建设用地土壤样品，可将用于细磨的样品分为两份，一份研磨至全部通过 0.25 mm 筛孔，一份研磨至全部通过 0.15 mm 筛孔，如有其他孔径要求，可采取同样的细磨方式通过指定孔径筛网。细磨后的样品用于分析测试以及质控抽样。

6. 样品分装

样品制备完成后，按照与采样、风干、研磨过程一致的样品编号（编码）进行分装；标签一式两份，瓶内或者袋内放置一份，瓶外或者袋外贴一份，流转过程中需定期检查样品标签，防止脱落或模糊不清；制备完成后的样品需进行称量并记录，填写完整样品制备原始记录表格。

研磨过程中要求"一工位一样品"，样品制备流程结束后，所有使用过的制备器具以及制样工位台面均须清洁干净，才能进行下一个样品制备，以防止交叉污染。

4.1.5 样品保存及留样管理

（1）预留样品及分析完取用后的剩余样品，均需要移交土壤样品库（留样间）留样保存。

（2）分析取用后的剩余样品一般建议保留半年，预留样品一般建议保留两年；如样品涉及争议、仲裁等特殊问题，需要永久保存。

（3）土壤样品库（留样间）应单独设置，保持干燥整洁，无阳光直射，无污染，防霉变、防鼠害；如有条件情况下，应配置通风设置，同时记录温湿度等环境信息。

（4）定期检查样品库样品的保存情况，查看是否有损坏、标签脱落等情况；样品应按照保存期限定期清理；样品留样入库、再领用（如留样再测）以及清理均需要详细记录留样人员/领用人员/清理人员及日期信息。

4.2　理化指标分析

4.2.1　土壤 pH 测试

1. 背景介绍

土壤 pH 是土壤酸碱度的表征指标。土壤酸碱度是土壤重要的基本性质之一，是土壤形成过程和熟化培肥过程的一个理化指标。土壤酸碱度对土壤中养分存在的形态和有效性、土壤的理化性质、微生物活动以及植物生长发育有很大的影响。土壤 pH 影响微生物生长，土壤中大部分微生物在中性条件下生长良好，pH <5 时一般停止生长。土壤 pH 也是石油烃类等有机污染土壤生物修复过程的一个重要监测指标。

2. 测试方法及要点

（1）方法简述。土壤中 pH 的测试可采用电极法或者电位法，生态环境部现行的标准方法为《土壤　pH 值的测定　电位法》（HJ 962—2018）。该标准以水为浸提剂，制成液固比为 2.5∶1 的土壤悬浊液，将指示电极和参比电极（或 pH 复合电极）浸入土壤悬浊液，构成一原电池，根据在一定的温度下其电动势与悬浊液的 pH 有关，通过测定原电池的电动势即可得到土壤的 pH 值。该标准与国内外其他标准的对比如表 4 - 2 - 1 所示。

表 4 - 2 - 1　土壤中 pH 分析标准方法

项目	标准名称					
	ISO 10390：2005	EPA Method 9045D	《森林土壤 pH 值的测定》（LY/T 1239—1999）	《土壤　pH 值的测定》（NY/T 1377—2007）	全国土壤污染状况调查分析测试方法技术规定、全国土壤污染状况详查分析测试方法技术规定	《土壤　pH 值的测定　电位法》（HJ 962—2018）
适用范围	适用于所有类型的风干土壤样品	适用于土壤和废弃物	适用于森林土壤	适用于各类土壤	适用于各类土壤	适用于各类土壤
浸提剂	水或 1 mol/L KCl 溶液或 0.01 mol/L CaCl$_2$ 溶液	水	水或盐溶液（酸性土壤为 1 mol/L KCl 溶液，中性和碱性土壤采用 0.01 mol/L CaCl$_2$ 溶液）	水或 1 mol/L KCl 溶液或 0.01 mol/L CaCl$_2$ 溶液	水	水

续上表

项目	标准名称				
	ISO 10390：2005	EPA Method 9045D	《森林土壤pH值的测定》（LY/T 1239—1999）	《土壤 pH值的测定》（NY/T 1377—2007）	全国土壤污染状况调查分析测试方法技术规定、全国土壤污染状况详查分析测试方法技术规定	《土壤 pH值的测定电位法》（HJ 962—2018）
液固比（mL/g）	5：1	1：1	一般为2.5：1，盐土用5：1，枯枝落叶层及泥炭层用10：1	2.5：1	2.5：1	2.5：1
制样步骤	①用样品匙取一小部分有代表性的实验室样品，样品应不少于5 mL。②将取好的样品放入样品瓶中并加入5倍于样品体积的水或者KCl溶液或者CaCl₂溶液。③持续摇动悬浊液（60±10）min，使用机械振荡器或者混合器，然后静置1 h以上，但不能超过3 h	①称取20.00 g土样至50 mL烧杯中，加入20 mL水，密封，持续搅动5 min。如果是湿度大或盐土，或者其他有问题的样品，可以增加稀释倍数。②静置1 h，使大部分悬浮的颗粒沉淀下来	①称取10.00 g试样，置于50 mL的高型烧杯中，并加入25 mL无二氧化碳水或1 mol/L KCl溶液（酸性土测定用）或0.01 mol/L CaCl₂溶液（中性、石灰性或碱性土测定用）。枯枝落叶层或泥炭层样品称5 g，加水或盐溶液50 mL。②用玻璃棒剧烈搅动1~2 min，静置30 min，此时应避免空气中氨或挥发性酸气等的影响	①称取10.00 g试样，置于50 mL的高型烧杯或其他适宜的容器中，并加入25 mL水（或KCl溶液或CaCl₂溶液）。②将容器密封后，用振荡机或搅拌器，剧烈振荡或搅拌5 min，然后静置1~3 h	①称取10.00 g土壤样品置于50 mL的高型烧杯或其他适宜的容器中，并加入25 mL水。②将容器用封口膜或保鲜膜密封后，用振荡机或搅拌器剧烈振荡或搅拌2 min	①称取10.00 g土壤样品置于50 mL的高型烧杯或其他适宜的容器中，加入25 mL水。②将容器用封口膜或保鲜膜密封后，用振荡机或搅拌器剧烈振荡或搅拌2 min

注：EPA为Environmental Protection Agency，指美国环保署。

（2）测试要点。按照HJ/T 166—2004的相关规定，对土壤样品风干、缩分、研磨和过土壤筛（10目）。

①试液的制备。称取过10目筛的土样10 g，加无二氧化碳蒸馏水25 mL，轻轻摇

动，使水土充分混合均匀。投入一枚磁搅拌子，放在磁力搅拌器上搅拌 1 min。放置 30 min，待测。

②校准。至少使用两种 pH 标准缓冲溶液进行 pH 计的校准。先用 pH 值为 6.86 （25 ℃）的标准缓冲溶液，再用 pH 值为 4.01（25 ℃）的标准缓冲溶液或 pH 值为 9.18 （25 ℃）的标准缓冲溶液校准。

注：用于校准 pH 的两种标准缓冲溶液，其中一种标准缓冲溶液的 pH 值应与土壤 pH 值相差不超过 2 个 pH 单位。若超出范围，可选择其他 pH 标准缓冲溶液。

③测定。控制试样的温度为（25 ± 1）℃，与标准缓冲溶液的温度之差不应超过 2 ℃。将电极插入试样的悬浊液中，电极探头浸入液面下悬浊液垂直深度的 1/3 ~ 2/3 处，轻轻摇动试样。待读数稳定后，记录 pH 值。每个试样测完后，立即用去离子水冲洗电极，并用滤纸将电极外部的水吸干，再测定下一个试样。

3. 质量控制要求及要点

每批样品应至少测定 10% 的平行双样，每批少于 10 个样品时，应至少测定 1 组平行双样。两次平行测定结果的允许误差值为 0.3 个 pH 单位。

4. 常见问题分析

温度对土壤 pH 值的测定具有一定影响，在测定时，应按要求控制温度；在测定时，将电极插入试样的悬浊液，应注意去除电极表面气泡。

4.2.2　土壤有机质测试

1. 背景介绍

土壤有机质是指存在于土壤中的所有的含碳有机化合物，主要包括土壤中各种动植物残体、微生物体及其分解和合成的各种有机物，是土壤的重要组成部分。土壤有机质含量的多少，基本上可以反映土壤肥力水平的高低。同时，土壤有机质还参与土壤重金属、农药残留等污染物的迁移转化过程。

2. 测试方法及要点

（1）方法简述。土壤有机质测定中普遍采用的方法有重量法、容量法、比色法等，其中农业和林业行业标准中应用最多的是重铬酸盐容量法：在高温条件下，用过量的重铬酸钾 - 硫酸溶液氧化土壤中的有机碳，并用硫酸亚铁标准溶液回滴过量的重铬酸钾，通过氧化过程中消耗重铬酸钾的量计算有机碳的含量，结合转换系数推算有机质的含量。我国颁布的标准方法有《森林土壤有机质的测定及碳氮比的计算》（LY/T 1237—1999）、《土壤有机质测定法》（NY/T 85—1988）、《土壤检测　第 6 部分：土壤有机质的测定》（NY/T 1121.6—2006）。其中，《森林土壤有机质的测定及碳氮比的计算》（LY/T 1237—1999）与《土壤检测　第 6 部分：土壤有机质的测定》（NY/T 1121.6—2006）中的测定步骤基本相同。

近年来，不少学者成功找到了替代油浴加热的新方法，如 COD 恒温加热器。采用 COD 恒温加热器消解土壤样品不需要特殊仪器和装置，升温时间短且控制准确；操作简便、快速，大大缩短了工作流程，提高了工作效率，非常适合大批量样品的快速分析。反应后溶液无须转移，直接滴定，避免了误差的引入，测定结果具有良好的准确度和精密度，完全能满足地球化学调查样品的分析要求，并且避免了油气化后对环境和人体的危害，非常环保。

《土壤有机质测定法》（NY/T 85—1988）与《土壤检测　第 6 部分：土壤有机质的测定》（NY/T 1121.6—2006）两种方法对比如表 4 - 2 - 2 所示。

表 4 - 2 - 2　土壤有机质测试标准方法对比

项目	标准名称	
	《土壤有机质测定法》（NY/T 85—1988）	《土壤检测　第 6 部分：土壤有机质的测定》（NY/T 1121.6—2006）
适用范围	土壤有机质含量在 15% 以下的土壤	
分析仪器	沙浴锅	油浴锅
消解温度	200 ~ 230 ℃	170 ~ 180 ℃
消解时间	(5 ± 0.5) min	
特点	沙浴中沙子的温度受室内环境温度影响较大，升温慢、降温快，且受热不均匀，很难调节到所需的状态，测定结果准确度和精密度比较低	油浴锅内的温度控制比较均匀，基本不受环境温度的影响，测定结果的准确度和精密度非常好，但是油浴法操作过程比较烦琐，消化管不好清洗，样品转移时容易带入消化管外部的油，造成结果偏高，影响测定结果的准确性，同时在高温条件下，油气化后产生浓烈的气味，对化验员的健康和环境都会造成危害

（2）测试要点。

①样品制备。测定土壤有机质必须风干样品，建设用地土壤可能有较多的还原性物质存在，可消耗重铬酸钾用量导致检测结果偏高。因此，必须预先将此类样品晾干压碎后，平摊成薄层，每天翻动一次，在空气中暴露一周左右，使还原性物质充分氧化才能磨样。

②消除干扰。土壤中氯化物的存在可使有机质测定结果偏高，可加入少量的 Ag_2SO_4，生成 AgCl 沉淀，从而除去 Cl^-，有效防止氯化物对有机质测定的干扰。

③样品消解。消解温度和时间对分析结果的影响较大，沸腾时间要准确记录。若使用冷凝管回流消解，从冷凝管下端落下第一滴冷凝液开始计时；若使用油浴消解，则从溶液表面开始沸腾时开始计时，沸腾标准要尽可能一致。

④样品滴定。消煮后的溶液颜色，一般应为黄色或黄中稍带绿色，如果以绿色为主，说明重铬酸钾用量不足，应减少称样量，重新测定。

试样滴定所消耗的硫酸亚铁标准溶液的体积应大于空白用量的 1/3，否则，可能氧化不完全，应减少称样量，重新测定。

3．质量控制要求及要点

（1）实验室空白。每批次样品（不超过 20 个）至少做 2 个实验室空白。以粉末状二氧化硅代替实际样品，按照与试样相同的分析步骤进行测定。

（2）实验室平行。每批次样品应做 10% 的平行样。若样品数少于 10 个，应至少做一个平行样。平行测定的结果用算术平均值表示，保留三位有效数字。

实验室允许差：当土壤有机质含量小于 1% 时，平行测定结果的相差不得超过 0.05%；含量为 1%~4% 时，不得超过 0.10%；含量为 4%~7% 时，不得超过 0.30%；含量在 10% 以上时，不得超过 0.50%。

（3）质控样。每批次样品测定时，应分析 10% 的有证标准样品，其测定值应在保证值范围内，确保样品测定结果的准确性。

4.2.3　水分和干物质测试

1．概述

土壤水分是指土壤受降水和灌溉水或参与岩石圈—生物圈—大气圈—水圈的水分大循环影响而存在和保存于土壤中的水分。土壤水分在土壤物质转化过程中起着重要作用，也是植物吸水的最主要来源，因此土壤中水分含量是表征土壤性质的重要组成部分。

2．测试方法及要点

（1）方法简述。土壤中的水分含量也称为土壤含水量，由水分所占相对比例表示，测定时采用的主要方法为重量法。恒温烘干法被认为是测定土壤水分的最经典和最准确的方法，恒温烘干法具有取样方便、分析成本低、土壤含水量计算容易、测量范围宽且精度较高等优点，也是目前直接测量土壤水分和干物质含量的唯一方法，在实验室分析测试时被广泛使用。目前颁布和使用的标准为《土壤　干物质和水分的测定　重量法》（HJ 613—2011），原理为土壤样品在 105 ± 5 ℃ 烘至恒重，以烘干前后的土样质量差值计算干物质和水分的含量，用质量百分比表示。

（2）测试要点。

①样品制备。土壤试样水分和干物质样品制备、测试过程及要点如表 4-2-3 所示。

表 4-2-3　水分和干物质测试步骤

项目	试样类型	
	新鲜土壤	风干土壤
样品制备	取适量新鲜土壤样品撒在干净、不吸收水分的玻璃板上，充分混匀，去除直径大于 2 mm 的石块、树枝等杂质，待测	取适量新鲜土壤样品平铺在干净的搪瓷盘或玻璃板上，避免阳光直射，且环境温度不超过 40 ℃，自然风干，去除石块、树枝等杂质，过 2 mm 样品筛。将直径大于 2 mm 的土块粉碎后过 2 mm 样品筛，混匀，待测

续上表

项目	试样类型	
	新鲜土壤	风干土壤
分析步骤	具盖容器和盖子于（105±5）℃下烘干1 h，稍冷，盖好盖子，然后置于干燥器中至少冷却45 min，测定带盖容器的质量 m_0，精确至0.01 g。用样品勺将10~15 g试样（风干样10~15 g、新鲜样30~40 g）转移至已称重的具盖容器中，盖上容器盖，测定总质量 m_1，精确至0.01 g。取下容器盖，将容器和风干土壤试样一并放入烘箱中，在（105±5）℃下烘干至恒重，同时烘干容器盖。盖上容器盖，置于干燥器中至少冷却45 min，取出后立即测定带盖容器和烘干土壤的总质量 m_2，精确至0.01 g	
测试结果用途	①反映土壤本身吸湿性等特征；②用于VOCs、SVOCs、氰化物、硫化物、石油类等鲜样分析的指标计算	用于阳离子交换量、有机质、有效态、金属等风干样分析的指标计算

②结果计算。土壤样品中的干物质含量 W_{dm} 和水分含量 W_{H_2O}，分别按照式（1）和式（2）进行计算。

$$W_{dm} = \frac{m_2 - m_0}{m_1 - m_0} \times 100 \qquad \cdots\cdots (1)$$

$$W_{H_2O} = \frac{m_1 - m_2}{m_2 - m_1} \times 100 \qquad \cdots\cdots (2)$$

式中：W_{dm}——土壤样品中的干物质含量，%；

W_{H_2O}——土壤样品中的水分含量，%；

m_0——带盖容器的质量，g；

m_1——带盖容器及土壤试样（风干土壤或新鲜土壤）的总质量，g；

m_2——带盖容器和烘干土壤的总质量，g。

测定结果精确至0.1%，因土壤水分含量是基于干物质量计算的，所以其结果可能超过100%。

3. 质量控制要求及要点

（1）测定风干土壤样品，当干物质含量 >96%，水分含量≤4%时，两次测定结果之差的绝对值应≤0.2%（m/m）；当干物质含量≤96%，水分含量 >4%时，两次测定结果的相对偏差≤0.5%。

（2）测定新鲜土壤样品，当水分含量≤30%时，两次测定结果之差的绝对值应≤1.5%（m/m）；当水分含量 >30%时，两次测定结果的相对偏差≤5%。

（3）恒重是指样品烘干后，再以4 h烘干时间间隔对冷却后的样品进行两次连续称重，前后差值不超过最终测定质量的0.1%，此时的重量即为恒重。

4. 常见问题分析

（1）试验过程中应避免具盖容器内土壤细颗粒被气流或风吹出。

（2）一般情况下，在（105±5）℃下有机物的分解可以忽略。但是对于有机质含

量 > 10%（m/m）的土壤样品（如泥炭土），此时应将干燥温度改为 50 ℃，然后干燥至恒重，必要时可抽真空，以缩短干燥时间。

（3）一些矿物质（如石膏）在 105 ℃ 干燥时会损失结晶水。

（4）如果样品中含有挥发性（有机）物质，本方法不能准确测定其水分含量。

（5）如果待测样品中含有石膏、石子、树枝以及其他影响测定结果的物质，均应在检测报告中注明。

（6）一般情况下，大部分土壤的干燥时间为 16 ~ 24 h，部分特殊样品需要更长时间。

（7）样品到达实验室后，应尽快分析待测试样，以减少其水分蒸发损失。

4.3　土壤重金属的消解

土壤中重金属的测定消解方法目前主要有硝酸、高氯酸、氢氟酸消解体系，王水消解体系，以及碱性消解体系。目前相关的国家标准和行业标准均对土壤的消解有着明确的规定。

盐酸是分解试样的重要强酸之一，它可以溶解金属活泼顺序中氢以前的铁、钴、镍等金属以及多数金属氧化物、氢氧化物、碳酸盐、磷酸盐、硫化物等，生成稳定的氯盐，因此盐酸是这些金属的良性溶剂。

硝酸兼有酸性和氧化性两重作用，溶解能力极强而且速度极快，除了铂族、金等金属以外，能溶解几乎所有的金属试样及其合金、氧化物、氢氧化物、硫化物等。配合盐酸溶解部分金属生成的氧化物薄膜，可以达到很好的溶解效果。

高氯酸是无机六大强酸之首，具有极强酸性、氧化性、强腐蚀性，常用于分解不锈钢、铁合金、矿石等。矿石中的硅分解后形成的硅酸能迅速脱水得到易于过滤的二氧化硅。对含有有机物或还原性物质的试样如土壤，最好先用硝酸在加热条件下破坏其结构，再用高氯酸将其彻底分解，或使用硝酸和高氯酸的混合溶液进行加热分解。一般在有硝酸的情况下使用高氯酸分解有机物或还原性物质会比较安全。

氢氟酸酸性较弱，但是有极强的配位能力，主要用于分解硅酸盐，使其生成易挥发的氟化硅。

此外，也常用王水溶液对样品进行消解。由于高浓度的氯离子可以与金属离子形成稳定的络离子，金属的还原能力被增强，更易于溶解在王水中。

土壤中六价铬的测定则采用氢氧化钠和碳酸钠配制而成的碱性溶液将土壤中的六价铬提取出来，再上机分析。

4.4　土壤重金属分析——原子吸收法

4.4.1　土壤中铜、锌、铅、镍、铬的测定——火焰原子吸收分光光度法

1. 背景介绍

（1）铜（Cu）。土壤中铜的来源主要有含铜矿的开采和冶炼厂三废的排放、含铜农

业化学物质（含铜杀真菌剂和化肥）和有机肥（污泥、猪粪、厩肥和堆肥）的施用等。

铜与人体健康关系密切。人体缺铜会造成贫血、腹泻等症状，但过量的铜对人和动物都有害。当铜在体内重要脏器如肝、肾、脑沉积过量，会表现为威尔逊氏症，这是一种染色体隐性疾病，主要表现是胆汁排泄铜的功能紊乱，引起组织铜中毒。而沉积于脑部引起神经组织病变时，则会出现小脑运动失常和帕金森氏综合征；沉积在近侧肾小管，则引起氨基酸尿、糖尿、蛋白尿、磷酸盐尿和尿酸尿。

（2）锌（Zn）。土壤中的锌来自各种成土矿物。锌主要用于制作电池以及合金、电镀、化纤、橡胶、医药等工业。用含锌污水灌溉农田对农作物生长的影响较大，特别是会造成小麦出苗不齐，分蘖少，植株矮小，叶片发生萎黄。过量的锌还会使土壤酶失去活性，细菌数目减少，土壤中的微生物作用减弱。锌是体内必需的微量元素，但摄入过量对人体是有很大危害的，比如体内锌量高，将会使人体抗癌能力降低，甚至刺激肿瘤生长；抑制吞噬细胞的活性和杀菌力，从而降低人体的免疫功能，使抗病能力减弱，而对疾病易感性增加；使体内胆固醇代谢紊乱，产生高胆固醇血症，继而引起高血压及冠心病等。

（3）铅（Pb）。土壤中铅有自然来源和人为来源。前者主要来自矿物和岩石中的本底值。土壤中铅的人为来源有大气降尘、污泥城市垃圾的土地利用以及采矿和金属加工业。当土壤遭受铅污染，植物就有可能吸收过多的铅。用城市工业废水进行农田灌溉也能将大量的铅带入土壤中。铅矿开采、冶炼以及一些杀虫剂的使用都会导致铅在土壤中的积累。铅会破坏儿童的神经系统，可导致血液病和脑病，长期接触铅和铅盐（尤其是可溶的、强氧化性的 PbO_2），可导致肾病和类似绞痛的腹痛。人体积蓄铅后很难自行排出，只能通过药物来清除。

（4）镍（Ni）。镍是土壤重金属研究的对象之一。土壤中的镍污染主要来源于工业污染和矿山开采。镍可引起接触性皮炎。直接进入血流的镍盐毒性较高，胶体镍或氯化镍毒性较大，可引起中枢性循环和呼吸紊乱，使心肌、脑、肺和肾出现水肿、出血和变性。吸入镍及氧化镍粉尘，会损害肺部，对皮肤和黏膜有强烈刺激作用，出现"镍痒症"或"镍疥"。大量口服时会出现呕吐（像铜中毒一样）、腹泻、急性胃肠炎和齿龈炎，长期接触能使头发变白。长期接触低浓度羰基镍，可能会全身中毒，导致肺、肝、脑等损害，并可能导致肺癌、胃癌、副鼻窦癌的发病率和死亡率增高。

（5）铬（Cr）。铬广泛存在于自然界中，主要以铬铁矿 $FeCr_2O_4$ 形式存在，每千克土壤中的铬从痕量到 250 mg，平均约为 100 mg。由于风化作用进入土壤中的铬，容易氧化成可溶性的复合阴离子，然后通过淋洗转移到地面水或地下水中。铬及其化合物广泛应用在工业生产的各个领域，是冶金工业、金属加工电镀、制革、油漆、颜料、印染、制药、照相制版等行业必不可少的原料。铬在土壤中主要以六价铬 Cr（VI）和三价铬 Cr（Ⅲ）两种稳定价态存在。铬对植物生长有刺激作用，可提高收获量，但土壤中铬过多时，会抑制有机物质的硝化作用，并使铬在植物体内蓄积。铬是人体内必需的微量元素之一，它在维持人体健康方面起关键作用，是人体正常生长发育和调节血糖的重要元素。铬的毒性主要来自六价铬，其被列为对人体危害最大的八种化学物质之一，是国际公认的三种致癌金属物之一。

2．测试方法及要点

（1）方法简述。《土壤和沉积物　铜、锌、铅、镍、铬的测定　火焰原子吸收分光光度法》（HJ 491—2019）规定了测定土壤和沉积物中铜、锌、铅、镍、铬的火焰原子吸收分光光度法，适用于土壤和沉积物中铜、锌、铅、镍、铬的测定。该方法中的主要内容如表4-4-1所示。

表4-4-1　土壤中铜、锌、铅、镍、铬分析方法

项目	标准名称：《土壤和沉积物　铜、锌、铅、镍、铬的测定　火焰原子吸收分光光度法》（HJ 491—2019）	
方法原理	土壤和沉积物经酸消解后，试样中铜、锌、铅、镍和铬在空气-乙炔火焰中原子化，其基态原子分别对铜、锌、铅、镍和铬的特征谱线产生选择性吸收，其吸收强度在一定范围内与铜、锌、铅、镍和铬的浓度成正比	
适用范围	土壤和沉积物中的铜、锌、铅、镍、铬	
分析仪器	火焰原子吸收分光光度计	
定性方法	吸收波长	
定量方法	吸光度响应值	
检出限	铜：1 mg/kg　　锌：1 mg/kg　　铅：10 mg/kg　　镍：3 mg/kg　　铬：4 mg/kg（当取样量为0.2 g，消解后定容体积为25 mL时计算）	
仪器测量条件	铜仪器测量条件 灯电流（mA）：5 测定波长（nm）：324.7 通带宽度（nm）：0.5 火焰类型：中性	锌仪器测量条件 灯电流（mA）：5 测定波长（nm）：213 通带宽度（nm）：1 火焰类型：中性
	铅仪器测量条件 灯电流（mA）：8 测定波长（nm）：283.3 通带宽度（nm）：0.5 火焰类型：中性	镍仪器测量条件 灯电流（mA）：4 测定波长（nm）：232 通带宽度（nm）：0.2 火焰类型：中性
	铬仪器测量条件 灯电流（mA）：9 测定波长（nm）：357.9 通带宽度（nm）：0.2 火焰类型：还原性	—

续上表

项目	标准名称：《土壤和沉积物　铜、锌、铅、镍、铬的测定　火焰原子吸收分光光度法》（HJ 491—2019）		
样品采集和保存	土壤样品按照 HJ/T 166—2004 的相关要求进行采集和保存；沉积物样品按照 GB 17378.3—2007 或 HJ 494—2009 的相关要求进行采集和保存		
样品制备	除去样品中的异物（枝棒、叶片、石子等），按照 HJ/T 166—2004 和 GB 17378.3—2007 的要求，将采集的样品在实验室中风干、破碎、过筛，保存备用		
水分测定	土壤样品干物质含量按照 HJ 613—2011 测定；沉积物样品含水率按照 GB 17378.5—2007 测定		
消解工具	电热板	石墨电热消解装置	微波消解装置
消解步骤	称取 0.2～0.3 g（精确至 0.1 mg）样品于 50 mL 聚四氟乙烯坩埚中，用水润湿后加入 10 mL 盐酸，于通风橱内电热 90～100 ℃ 加热，使样品初步分解，待消解液蒸发至剩余约 3 mL 时，加入 9 mL 硝酸，加盖加热至无明显颗粒，加入 5～8 mL 氢氟酸，开盖，于 120 ℃ 加热飞硅 30 min，稍冷，加入 1 mL 高氯酸，于 150～170 ℃ 加热至冒白烟，加热时应经常摇动坩埚。若坩埚壁上有黑色碳化物时，加入 1 mL 高氯酸加盖继续加热至黑色碳化物消失，再开盖，加热赶酸至内容物呈不流动的液珠状（趁热观察）。加入 3 mL 硝酸溶液，温热溶解可溶性残渣，全量转移至 25 mL 容量瓶中，用硝酸溶液定容至标线，摇匀，保存于聚乙烯瓶中，静置，取上清液待测。不称取样品，按照与试样制备相同的步骤进行空白试样的制备。于 30 d 内完成分析	称取 0.2～0.3 g（精确至 0.1 mg）样品于 50 mL 聚四氟乙烯消解管中，用水润湿后加入 5 mL 盐酸，于通风橱内石墨电热消解仪上 100 ℃ 加热 45 min。加入 9 mL 硝酸加热 30 min，加入 5 mL 氢氟酸加热 30 min，稍冷，加入 1 mL 高氯酸，加盖 120 ℃ 加热 3 h；开盖，150 ℃ 加热至冒白烟，加热时需摇动消解管。若消解管内壁有黑色碳化物，加入 0.5 mL 高氯酸加盖继续加热至黑色碳化物消失，开盖，160 ℃ 加热赶酸至内容物呈不流动的液珠状（趁热观察）。加入 3 mL 硝酸溶液，温热溶解可溶性残渣，全量转移至 25 mL 容量瓶中，用硝酸溶液定容至标线，摇匀，保存于聚乙烯瓶中，静置，取上清液待测。不称取样品，按照与试样制备相同的步骤进行空白试样的制备。于 30 d 内完成分析	准确称取 0.2～0.3 g（精确至 0.1 mg）样品于消解罐中，用少量水润湿后加入 3 mL 盐酸、6 mL 硝酸、2 mL 氢氟酸，按照 HJ 832—2017 消解方法消解样品。试样定容后，保存于聚乙烯瓶中，静置，取上清液待测。不称取样品，按照与试样制备相同的步骤进行空白试样的制备。于 30 d 内完成分析
进样方式	手动进样		

续上表

项目	标准名称：《土壤和沉积物　铜、锌、铅、镍、铬的测定　火焰原子吸收分光光度法》（HJ 491—2019）	
结果计算	土壤：$\omega_i = \dfrac{(\rho_i - \rho_{0i}) \times V}{m \times \omega_{dm}}$ ω_i：土壤中元素的质量分数，mg/kg ρ_i：试样中元素的质量浓度，mg/L ρ_{0i}：空白试样中元素的质量浓度，mg/L V：消解后试样的定容体积，mL m：土壤样品的质量，g ω_{dm}：土壤的干物质含量，%	沉积物：$\omega_i = \dfrac{(\rho_i - \rho_{0i}) \times V}{m \times (1 - \omega_{H_2O})}$ ω_i：沉积物中元素的质量分数，mg/kg ρ_i：试样中元素的质量浓度，mg/L ρ_{0i}：空白试样中元素的质量浓度，mg/L V：消解后试样的定容体积，mL m：沉积物样品的质量，g ω_{H_2O}：沉积物的含水率，%

（2）测试要点。

①该方法使用硝酸、氢氟酸、高氯酸等强酸进行消解，酸的纯度要求为分析纯及以上纯度的酸，纯水为新制备的去离子水。土壤样品种类复杂，基体差异较大，在消解时视消解情况可适当补加硝酸、高氯酸等酸，适当提高试样酸度，同时应注意标准曲线的酸度与试样酸度保持一致。视样品实际情况，可调整试样定容体积、消解温度和时间等条件。样品消解时应注意各种酸的加入顺序。空白试样制备时的加酸量要与试样制备时的加酸量保持一致。对于基体复杂的土壤或沉积物样品，测定时需采用仪器背景校正功能。

②点火时排风装置必须打开，点火之前保证空气压缩机打开，点火过程中不能关闭。优化仪器条件可以调节燃烧头的偏转角度、灯电流、空气乙炔比、进样速度等条件。

③镍元素的主灵敏线是 232.0 nm，附近还有 231.6 nm 和 231.1 nm 两条次灵敏线，因此将通带宽度调整到 0.2 nm 防止其干扰。

④测定铬时，应调节燃烧器高度使得光斑通过火焰亮蓝色部分。

⑤标准曲线的建立可根据仪器灵敏度和试样的浓度调整浓度系列范围，含零浓度点应至少配置6个点。

⑥测定结果小于 100 mg/kg，结果保留至整数位，测定结果 ≥100 mg/kg，结果保留三位有效数字。

3. 质量控制要求

（1）校准曲线。每次分析应建立标准曲线，其相关系数应 ≥0.999。

（2）实验室空白。每批样品至少做 2 个实验室空白，空白中锌的测定结果应低于测定下限，其余元素的测定结果应低于方法检出限。

（3）实验室平行。每 20 个样品或每批次（不超过 20 个样品/批）应分析一个平行样，平行样测定结果相对偏差应 ≤20%。

（4）曲线校准验证点。每 20 个样品或每批次（不超过 20 个样品/批）分析结束后，需进行标准系列零浓度点和中间浓度点核查。零浓度点测定结果应低于方法检出限，中间浓度测定值与标准值的相对误差应在 ±10% 以内。

（5）质控样/基体加标。每20个样品或每批次（不超过20个样品/批）应同时测定1个有证标准样品，其测定结果与保证值的相对误差应在 ±15% 以内，或每20个样品或每批次（不超过20个样品/批）应分析一个基体加标样品，加标回收率应为80% ~ 120%。

4. 常见问题分析

（1）遇到整批次样品元素含量比较高时，可通过偏转火焰燃烧头的方式，降低灵敏度，提高曲线的浓度含量范围。

（2）吸取消解液时，尽量吸取上层清液，刚消解完的样品，尽量沉降一段时间再进行分析。

（3）消解的程度会影响测定结果，应严格按照要求，确保消解彻底，避免测试结果偏小。

4.4.2　土壤中铅、镉的测定——石墨炉原子吸收分光光度法

1. 背景介绍

（1）铅（Pb）。具体内容见4.4.1节。

（2）镉（Cd）。土壤中镉的来源包括自然来源和人为来源。前者来源于岩石和土壤的本底值。后者主要是由于镉在电镀、颜料、塑料稳定剂、镍镉电池、电视显像管制造中的广泛应用。大量的含镉废水排入河流，污染大气、水体和土壤。土壤镉的污染主要分布在重工业发达地区、公路铁路两侧，农业发达的灌溉地区的污染也比较严重。

镉不是人体所必需的元素。镉是通过食物、水、空气、吸烟等经由消化道和呼吸道进入人体的，液体中的镉还可以通过皮肤进入人体。人主要通过消化道摄入环境中的镉，吸收率为5%左右。虽然土壤镉污染对人体没有造成直接性的接触危害，但土壤中的镉可以通过食物链进入人体以及对人体造成严重的危害。

2. 测定方法及要点

（1）方法简述。《土壤质量　铅、镉的测定　石墨炉原子吸收分光光度法》（GB/T 17141—1997）规定了测定土壤铅、镉的石墨炉原子吸收分光光度法，适用于土壤中铅、镉的测定。该方法中的主要内容如表 4 - 4 - 2 所示。

表 4 - 4 - 2　土壤中铅、镉分析方法

项目	标准名称：《土壤质量　铅、镉的测定　石墨炉原子吸收分光光度法》（GB/T 17141—1997）
基本原理	采用盐酸—硝酸—氢氟酸—高氯酸全消解的方法，彻底破坏土壤的矿物晶格，使试样中的待测元素全部进入试液。然后，将试液注入石墨炉中。经过预先设定的干燥、灰化、原子化等升温程序使共存基体成分蒸除去，同时在原子化阶段的高温下铅、镉化合物离解为基态原子蒸气，并对空心阴极灯发射的特征谱线产生选择性吸收。在选择的最佳测定条件下，通过背景扣除，测定试液中铅、镉的吸光度
适用范围	适用于土壤中铅、镉的测定
分析仪器	石墨炉原子吸收分光光度计
定性方法	吸收波长

续上表

项目	标准名称：《土壤质量　铅、镉的测定　石墨炉原子吸收分光光度法》（GB/T 17141—1997）
定量方法	吸光度响应值
检出限	铅：0.1 mg/kg　镉：0.01 mg/kg （按称取 0.5 g 样品，定容至 50 mL 来计算）
仪器测量 条件	**铅仪器测量条件** 测定波长（nm）：283.3 通带宽度（nm）：1.3 灯电流（mA）：7.5 干燥（℃/s）：80～100/20 灰化（℃/s）：700/20 原子化（℃/s）：2 000/5 清除：2 700/3 氩气流量（mL/min）：200 原子化阶段是否停气：是 进样量（μL）：10 **镉仪器测量条件** 测定波长（nm）：228.8 通带宽度（nm）：1.3 灯电流（mA）：7.5 干燥（℃/s）：80～100/20 灰化（℃/s）：500/20 原子化（℃/s）：1 500/5 清除：2 600/3 氩气流量（mL/min）：200 原子化阶段是否停气：是 进样量（μL）：10
样品制备	将采集的土壤样品（一般不少于 500 g）混匀后用四分法缩分至约 100 g。缩分后的土样经风干（自然风干或冷冻干燥）后，除去土样中石子和动植物残体等异物，用木棒（或玛瑙棒）研压，通过 2 mm 尼龙筛（除去 2 mm 以上的沙砾），混匀。用玛瑙研钵将通过 2 mm 尼龙筛的土样研磨至全部通过 100 目（孔径 0.149 mm）尼龙筛，混匀后备用
消解工具	电热板
消解步骤	准确称取 0.1～0.3 g（精确至 0.000 2 g）试样于 50 mL 聚四氟乙烯坩埚中，用水润湿后加入 5 mL 盐酸，于通风橱内的电热板上低温加热，使样品初步分解，当蒸发至约 2～3 mL 时，取下稍冷，然后加入 5 mL 硝酸、4 mL 氢氟酸、2 mL 高氯酸，加盖后于电热板上中温加热 1 h 左右，然后开盖，继续加热除硅，为了达到良好的飞硅效果，应经常摇动坩埚。当加热至冒浓厚高氯酸白烟时，加盖，使黑色有机碳化物充分分解。待坩埚上的黑色有机物消失后，开盖驱赶白烟并蒸至内容物呈黏稠状。视消解情况，可再加入 2 mL 硝酸、2 mL 氢氟酸、1 mL 高氯酸，重复上述消解过程。当白烟再次基本冒尽且内容物呈黏稠状时，取下稍微冷却，用水冲洗坩埚盖和内壁，并加入 1 mL 硝酸溶液温热溶解残渣。然后将溶液转移至 25 mL 容量瓶中，加入 3 mL 磷酸氢二铵溶液，冷却后定容，摇匀备测。用水样代替样品按相同步骤制备空白试样
进样方式	手动进样或自动进样
结果计算	$$W = \frac{c \times V}{m \times (1-f) \times 1000}$$ W：土壤中元素的质量浓度，mg/kg c：试样吸光度减去空白试液的吸光度后在校准曲线对应的铅、镉的含量，μg/L V：试液定容体积，mL m：称取样品的质量，g f：试样中水分的含量，%

（2）测试要点。

①土壤中铅、镉的测定是用氢氟酸、硝酸、高氯酸等进行全量消解，酸的纯度要求为分析纯及以上纯度，纯水为去离子水。在消解时应注意观察样品的消解情况，酌情增减酸的用量。电热板消解的时候温度不宜过高，以免聚四氟乙烯坩埚变形。

②使用石墨炉原子吸收分光光度法进行分析时，常用到基体改进剂，如铅、镉用到磷酸氢二胺溶液作为基体改进剂。配置有自动进样器时，可在线加入基体改进剂，不需要在消解时加入。

3. 质量控制要求

该方法无明确的质控要求，可参照以下要求分析。

（1）校准曲线。每次分析应建立标准曲线，其相关系数应≥0.995。

（2）实验室空白。每次分析至少做2个实验室空白。

（3）样品平行。每批次样品（不超过20个样品/批）应分析一个平行样。

（4）曲线校准验证点。每批次分析结束后，需进行标准系列零浓度点和中间浓度点核查。

（5）质控样/基体加标。每批次样品（不超过20个样品/批）分析时应同时测定1个有证标准样品，测定结果应在标准物质的证书范围之内。

4. 常见问题分析

（1）由于土壤铅含量相对较高，一般需稀释后再上机，稀释后，基体改进剂对测定结果的影响变小；土壤镉一般直接原样上机，需要加入基体改进剂。

（2）消解赶酸一定要彻底，否则消解液中的高氯酸和氢氟酸等产生的酸雾对仪器损耗较大。

（3）原子化工作条件的选择（干燥、灰化、原子化、净化）对分析结果也有很大影响；不同的元素，是否加入基体改进剂、温度设定、灵敏线选择、灯电流、进样量、基体改进剂的种类等也会有影响，应根据标准要求或仪器内置默认条件进行选择。

（4）氩气纯度必须不小于99.99%，氩气不纯会导致石墨管寿命缩短，甚至标准曲线线性不好或者结果出现异常。

（5）自动进样器的位置调节很重要，一是在样品杯中的深度，二是在石墨管中的深度，三是在石墨管进样口的位置。这些都会影响进样效果和测试精密度，且石墨管在使用一定次数之后，需要更换。

4.4.3 土壤中六价铬的测定——火焰原子吸收分光光度法

1. 背景介绍

铬（Cr）是一种银白色的坚硬金属。自然界中主要以金属铬、三价铬和六价铬三种形式出现。所有铬的化合物都有毒性，其中六价铬毒性最大。工业上，六价铬是通过将矿物中的三价铬在有氧条件下加热得到的（如在金属精加工中）。六价铬为吞入性毒物/吸入性极毒物，皮肤接触可能导致过敏，更可能造成遗传性基因缺陷，吸入可能致癌，对环境有持久危险性。

2．测试方法及要点

（1）方法简述。《土壤和沉积物　六价铬的测定　碱溶液提取－火焰原子吸收分光光度法》（HJ 1082—2019）规定了测定土壤和沉积物中六价铬的碱溶液提取－火焰原子吸收分光光度法，适用于土壤和沉积物中六价铬的测定。该方法中的主要内容如表4－4－3所示。

表4－4－3　土壤和沉积物中六价铬分析方法

项目	标准名称：《土壤和沉积物　六价铬的测定　碱溶液提取－火焰原子吸收分光光度法》（HJ 1082—2019）
方法原理	用 pH 不小于 11.5 的碱性提取液，提取出样品中的六价铬，喷入空气－乙炔火焰，在高温火焰中形成的铬基态原子对铬的特征谱线产生吸收，在一定范围内，其吸光度值与六价铬的质量浓度成正比
适用范围	土壤和沉积物中的六价铬
分析仪器	火焰原子吸收分光光度计
定性方法	吸收波长
定量方法	吸光度响应值
检出限	0.5 mg/kg （当取样量为 5 g，消解后定容体积为 100 mL 时计算）
仪器测量条件	六价铬仪器测量条件： 测定波长（nm）：357.9 通带宽度（nm）：0.2 火焰类型：富燃性火焰
样品采集和保存	按照 HJ/T 166—2004 或 HJ 25.2—2019 的相关要求进行土壤样品的采集和保存，按照 HJ/T 91—2002、HJ 494—2009 或 HJ 495—2009 的相关要求进行水体沉积物样品的采集和保存，按照 GB 17378.3—2007 的相关要求进行海洋沉积物样品的采集和保存。样品的采集与保存应使用塑料或玻璃的装置和容器，不得使用金属制品贮存器
样品制备	按照 HJ/T 166—2004，将采集的样品在实验室中风干、破碎、过尼龙筛、保存。干燥也可采用冻干法
水分测定	按照 HJ 613—2011 测定土壤样品的干物质含量，按照 GB 17378.5—2007 测定沉积物样品的含水率
消解工具	恒温加热搅拌装置
消解步骤	准确称取 5.0 g（精确至 0.01 g）样品置于 250 mL 烧杯中，加入 50.0 mL 碱性提取溶液，再加入 400 mg 氯化镁和 0.5 mL 磷酸氢二钾－磷酸二氢钾缓冲溶液。放入搅拌子，用聚乙烯薄膜封口，置于搅拌加热装置上。常温下搅拌样品 5 min 后，开启加热装置，加热搅拌至 90~95 ℃，保持 60 min。取下烧杯，冷却至室温。用滤膜抽滤，将滤液置于 250 mL 的烧杯中，用硝酸调节溶液的 pH 值至 7.5 ± 0.5。将此溶液转移至 100 mL 容量瓶中，用水定容至标线，摇匀，待测。不加样品，按照相同步骤制备空白试液

续上表

项目	标准名称:《土壤和沉积物 六价铬的测定 碱溶液提取－火焰原子吸收分光光度法》(HJ 1082—2019)	
进样方式	手动进样	
结果计算	土壤:$\omega = \dfrac{\rho \times V \times D}{m \times W_{dm}}$ ω:土壤中元素的质量分数,mg/kg ρ:试样中六价铬的浓度,mg/L V:消解后试样的定容体积,mL D:试样稀释倍数 m:土壤样品的质量,g W_{dm}:土壤的干物质含量,%	沉积物:$\omega = \dfrac{\rho \times V \times D}{m \times (1 - W_{H_2O})}$ ω:沉积物中元素的质量分数,mg/kg ρ:试样中六价铬的浓度,mg/L V:消解后试样的定容体积,mL D:试样稀释倍数 m:沉积物样品的质量,g W_{H_2O}:沉积物的含水率,%

(2)测试要点。

①该方法并非使用强酸进行消解,因为六价铬在酸性条件下很不稳定。该方法使用强碱溶液对土壤样品进行消解处理,用氯化镁以及磷酸氢二钾－磷酸二氢钾缓冲溶液消除三价铬对六价铬的影响。

②碱性提取液由氢氧化钠和碳酸钠配制而成,每次使用需保证其碱度,pH值≥11.5。

③该方法规定曲线为工作曲线,需要按照样品的消解过程进行前处理操作,配制工作曲线溶液。

④消解液的保存条件为0~4 ℃下密封保存,保存期限为30天。

⑤测定结果的保留位数应同方法检出限一致,最多保留三位有效数字。

3.质量控制要求

(1)工作曲线。每次分析应建立工作曲线,其相关系数应≥0.999。

(2)实验室空白。每20个样品或每批次(不超过20个样品/批)至少分析1个空白试样,空白试样的测定值应低于方法检出限。

(3)样品平行。每20个样品或每批次(不超过20个样品/批)至少分析1个平行样,平行样测定值的相对偏差<20%。

(4)基体加标。每20个样品或每批次(不超过20个样品/批)应分析一个基体加标样品,加标回收率应为70%~130%。

4.常见问题分析

(1)最终消解液的pH值需调节至7.5±0.5,再进行定容操作。如调节过程中有絮状物产生,需要用滤膜过滤。定容之后应静置一段时间再分析。

(2)六价铬的测定相比其他元素的火焰原子吸收分光光度法来说,不那么稳定,特别是在检出限附近的低浓度样品。一般土壤的六价铬限值比较低,分析时需完全严格按照标准要求执行,否则容易影响结果的准确性。

4.5　土壤中汞、砷、硒、铋、锑的测定——原子荧光法

1. 背景介绍

（1）汞（Hg）。汞是一种剧毒的人体非必需元素，广泛存在于各类环境介质和食物链（尤其是鱼类）中，其踪迹遍布全球各个角落。

汞很容易被皮肤以及呼吸道和消化道吸收，并在生物体内积累，导致水俣病等疾病。汞会破坏中枢神经系统，对口、黏膜和牙齿造成不良影响。长时间暴露在高汞环境中可以导致脑损伤和死亡。尽管汞沸点很高，但在室内温度下饱和的汞蒸气已经达到了中毒剂量的数倍。

（2）砷（As）。砷是广泛分布于自然界的非金属元素。地壳中的含量约为 $2 \sim 5$ mg/kg，在土壤、水、矿物、植物中都能检测出微量的砷。在正常人体组织中也含有微量的砷。砷的许多化合物都含有致命的毒性，常被加在除草剂、杀鼠药等中，或被使用在半导体上。

（3）硒（Se）。硒是一种有灰色金属光泽的固体，性脆，有毒，能导电，且其导电性随光照强度急剧变化。硒能被硝酸氧化和溶于浓碱液中，室温下不会被氧化。硒是人体必需的微量矿物质营养素，但摄入过量又会对人体产生危害。硒在地壳中的含量约为 5×10^{8} mg/kg，且分布分散，年供应量有限。硒的用途非常广泛，涉及电子、玻璃、冶金、化工、医疗保健、农业等领域。

（4）铋（Bi）。铋的毒性与铅或锑相比，相对较小。铋不容易被人体吸收，不致癌，也不损害 DNA 构造，可通过排尿带出体外。基于这些原因，铋经常被用于取代铅的应用上。例如用于无铅子弹，无铅焊锡，甚至药物和化妆品上。除此之外，铋也应用到合金冶炼中，同时也是理想的超导材料之一，蓄电池、半导体和核工业材料中都有铋的应用。中国是世界上最大的铋产国、出口国。

（5）锑（Sb）。锑是全球性污染物，是国际上最为关注的有毒金属元素之一。锑对人体及环境生物具有毒性作用，甚至被怀疑为致癌物。与诸多元素相似，锑及其化合物的毒性取决于其存在形式，不同锑化合物的毒性差异很大。一般来说，元素锑的毒性大于无机锑盐，三价锑的毒性大于五价锑，无机锑的毒性大于有机锑化合物，水溶性化合物的毒性较难溶性化合物强，锑元素粉尘的毒性较其他含锑化合物形态强。

2. 测试方法及要点

（1）方法简述。《土壤质量　总汞、总砷、总铅的测定　原子荧光法　第1部分：土壤中总汞的测定》（GB/T 22105.1—2008）和《土壤质量　总汞、总砷、总铅的测定　原子荧光法　第2部分：土壤中总砷的测定》（GB/T 22105.2—2008）规定了测定土壤中汞、砷的原子荧光法，适用于土壤中汞、砷的测定。该方法中的主要内容如表4-5-1所示。

表 4 - 5 - 1 土壤中汞、砷分析方法

项目	标准名称	
	《土壤质量 总汞、总砷、总铅的测定 原子荧光法 第 1 部分：土壤中总汞的测定》（GB/T 22105.1—2008）	《土壤质量 总汞、总砷、总铅的测定 原子荧光法 第 2 部分：土壤中总砷的测定》（GB/T 22105.2—2008）
方法原理	采用硝酸、盐酸混合试剂在沸水浴中加热消解土壤试样，再用硼氢化钾（KBH_4）或硼氢化钠（$NaBH_4$）将样品中所含汞还原成原子态汞，由载气（氩气）导入原子化器中，在特制汞空心阴极灯照射下，基态汞原子被激发至高能态，在去活化回到基态时，发射出特征波长的荧光，其荧光强度与汞的含量成正比。与标准系列比较，求得样品中汞的含量	样品中的砷经加热消解后，加入硫脲使五价砷还原为三价砷，再加入硼氢化钾将其还原为砷化氢，由氩气导入石英原子化器进行原子化分解为原子态砷，在特制砷空心阴极灯的发射光激发下产生原子荧光，产生的荧光强度与试样中被测元素含量成正比，与标准系列比较，求得样品中砷的含量
适用范围	土壤中的汞	土壤中的砷
分析仪器	原子荧光光度计	原子荧光光度计
定性方法	吸收波长	吸收波长
定量方法	荧光强度	荧光强度
检出限	0.002 mg/kg	0.01 mg/kg
仪器测量条件	负高压（V）：280 加热温度（℃）：200 灯电流（mA）：35 观测高度（mm）：8 载气流量（mL/min）：300 屏蔽气流量（mL/min）：900 测量方法：校准曲线 读数方式：峰面积 测定波长（mm）：253.7 延时时间（s）：1 读数时间（s）：10 测量重复次数：2	负高压（V）：300 加热温度（℃）：200 灯电流（mA）：60 观测高度（mm）：8 载气流量（mL/min）：400 屏蔽气流量（mL/min）：1 000 测量方法：校准曲线 读数方式：峰面积 测定波长（mm）：193.7 延时时间（s）：1 读数时间（s）：10 测量重复次数：2
消解工具	水浴锅	水浴锅
消解步骤	称取经风干、研磨并过 0.149 mm 孔径筛的土壤样品 0.2 ~ 1.0 g（精确至 0.000 2 g）于 50 mL 具塞比色管中，加少许水润湿样品，加入 10 mL（1＋1）王水，加塞后摇匀，于沸水浴中消解 2h，取出冷却，立即加入 10 mL 保存液，用稀释液稀释至刻度，摇匀后放置，取上清液待测。同时做空白试验	称取经风干、研磨并过 0.149 mm 孔径筛的土壤样品 0.2 ~ 1.0 g（精确至 0.000 2 g）于 50 mL 具塞比色管中，加少许水润湿样品，加入 10 mL（1＋1）王水，加塞摇匀于沸水浴中消解 2 h，中间摇动几次，取下冷却，用水稀释至刻度，摇匀后放置。吸取一定量的消解试液于 50 mL 比色管中，加入 3 mL 盐酸、5 mL 硫脲溶液、5 mL 抗坏血酸溶液，用水稀释至刻度，摇匀放置，取上清液待测。同时做空白试验

续上表

项目	标准名称	
	《土壤质量　总汞、总砷、总铅的测定　原子荧光法　第 1 部分：土壤中总汞的测定》（GB/T 22105.1—2008）	《土壤质量　总汞、总砷、总铅的测定　原子荧光法　第 2 部分：土壤中总砷的测定》（GB/T 22105.2—2008）
进样方式	自动进样	自动进样
计算公式	$$\omega = \frac{(c-c_0) \times V}{m \times (1-f) \times 1\,000}$$ ω：土壤中元素的质量浓度，mg/kg c：校准曲线查得的汞含量，ng/mL c_0：空白试液浓度，ng/mL V：消解定容体积，mL m：称取样品的质量，g f：试样中水分的含量 1 000：将 ng 换算为 μg 的系数	$$\omega = \frac{(c-c_0) \times V_2 \times V_{总}/V_1}{m \times (1-f) \times 1\,000}$$ ω：土壤中元素的质量浓度，mg/kg c：校准曲线查得的砷含量，ng/mL c_0：空白试液浓度，ng/mL V_2：分取样品溶液稀释定容体积，mL $V_{总}$：消解后定容体积，mL V_1：分取的样品体积，mL m：称取样品的质量，g f：试样中水分的含量 1 000：将 ng 换算为 μg 的系数

《土壤和沉积物　汞、砷、硒、铋、锑的测定　微波消解/原子荧光法》（HJ 680—2013）规定了测定土壤中汞、砷、硒、铋、锑的微波消解/原子荧光法，适用于土壤中汞、砷、硒、铋、锑的测定。该方法中的主要内容如表 4 – 5 – 2 所示。

表 4 – 5 – 2　土壤中汞、砷、硒、铋、锑分析方法

项目	标准名称：《土壤和沉积物　汞、砷、硒、铋、锑的测定　微波消解/原子荧光法》（HJ 680—2013）
方法原理	样品经微波消解后试液进入原子荧光光度计，在硼氢化钾溶液还原作用下，生成砷化氢、铋化氢、锑化氢和硒化氢气体，汞被还原成原子态。在氩氢火焰中形成基态原子，在元素灯（汞、砷、硒、铋、锑）发射光的激发下产生原子荧光，原子荧光强度与试液中元素含量成正比
适用范围	土壤和沉积物中的汞、砷、硒、铋、锑
分析仪器	原子荧光光度计
定性方法	吸收波长
定量方法	荧光强度
检出限	汞：0.002 mg/kg　砷、硒、铋、锑：0.01 mg/kg （以称样量 0.5 g，定容体积 50 mL 计算）

续上表

项目	标准名称：《土壤和沉积物　汞、砷、硒、铋、锑的测定　微波消解/原子荧光法》（HJ 680—2013）	
仪器测量条件	**汞仪器测量条件** 灯电流（mA）：15 ~ 40 负高压（V）：230 ~ 300 加热温度（℃）：200 载气流量（mL/min）：400 屏蔽气流量（mL/min）：800 ~ 1 000 测定波长（nm）：253.7	**砷仪器测量条件** 灯电流（mA）：40 ~ 80 负高压（V）：230 ~ 300 加热温度（℃）：200 载气流量（mL/min）：300 ~ 400 屏蔽气流量（mL/min）：800 测定波长（nm）：193.7
	硒仪器测量条件 灯电流（mA）：40 ~ 80 负高压（V）：230 ~ 300 加热温度（℃）：200 载气流量（mL/min）：350 ~ 400 屏蔽气流量（mL min）：600 ~ 1 000 测定波长（nm）：196	**铋仪器测量条件** 灯电流（mA）：40 ~ 80 负高压（V）：230 ~ 300 加热温度（℃）：200 载气流量（mL/min）：300 ~ 400 屏蔽气流量（mL/min）：800 ~ 1 000 测定波长（nm）：306.8
	锑仪器测量条件 灯电流（mA）：40 ~ 80 负高压（V）：230 ~ 300 加热温度（℃）：200 载气流量（mL/min）：200 ~ 400 屏蔽气流量（mL/min）：400 ~ 700 测定波长（nm）：217.6	—
样品采集	按照 HJ/T 166—2004 的相关规定进行土壤样品的采集；按照 GB 17378.3—2007 的相关规定进行沉积物样品的采集	
样品制备	按照 HJ/T 166—2004 和 GB 17378.3—2007 要求，将采集后样品在实验室中风干、破碎、过筛、保存。样品采集、运输、制备和保存过程应避免沾污和待测元素损失	
消解工具	微波消解装置	
消解步骤	称取风干、过筛的样品 0.1 ~ 0.5 g（精确至 0.000 1 g。样品中元素含量低时，可将样品称取量提高至 1.0 g）置于溶样杯中，用少量实验用水润湿。在通风橱中，先加入 6 mL 盐酸，再慢慢加入 2 mL 硝酸，混匀使样品与消解液充分接触。若有剧烈化学反应，待反应结束后再将溶样杯置于消解罐中密封。将消解罐装入消解罐支架后放入微波消解仪的炉腔中，确认主控消解罐上的温度传感器及压力传感器均已与系统连接好。按照下表推荐的升温程序进行微波消解，程序结束后冷却。待罐内温度降至室温后在通风橱中取出，缓慢泄压放气，打开消解罐盖	

续上表

项目	标准名称：《土壤和沉积物　汞、砷、硒、铋、锑的测定　微波消解/原子荧光法》（HJ 680—2013）			

消解步骤				

步骤	升温时间/min	目标温度/℃	保持时间/s
1	5	100	2
2	5	150	3
3	5	180	25

把玻璃小漏斗插于 50 mL 容量瓶的瓶口，用慢速定量滤纸将消解后的溶液过滤、转移入容量瓶中，实验用水洗涤溶样杯及沉淀，将所有洗涤液并入容量瓶中，最后用实验用水定容至标线，混匀。分取 10 mL 试液置于 50 mL 容量瓶中，按照下表加入盐酸、硫脲－抗坏血酸混合溶液，混匀。室温放置 30 min，用实验用水定容至标线，混匀

名称	汞	砷、铋、锑	硒
盐酸/mL	2.5	5.0	10.0
硫脲－抗坏血酸混合溶液/mL	—	10.0	—

进样方式	自动进样

结果计算

土壤：$\omega_1 = \dfrac{(\rho - \rho_0) \times V_0 \times V_2}{m \times \omega_{dm} \times V_1} \times 10^{-3}$

ω_1：土壤中元素的质量分数，mg/kg

ρ：试样中元素的质量浓度，μg/L

ρ_0：空白试样中元素的质量浓度，μg/L

V_0：消解后试样的定容体积，mL

V_1：分取的试液体积，mL

V_2：分取后的试液定容体积，mL

m：土壤样品的质量，g

ω_{dm}：土壤的干物质含量，%

沉积物：$\omega_2 = \dfrac{(\rho - \rho_0) \times V_0 \times V_2}{m \times (1 - f) \times V_1} \times 10^{-3}$

ω_2：沉积物中元素的质量分数，mg/kg

ρ：试样中元素的质量浓度，μg/L

ρ_0：空白试样中元素的质量浓度，μg/L

V_0：消解后试样的定容体积，mL

V_1：分取的试液体积，mL

V_2：分取后的试液定容体积，mL

m：土壤样品的质量，g

f：沉积物的含水率，%

（2）测试要点。

①GB/T 22105.1—2008、GB/T 22105.2—2008 和 HJ 680—2013 等方法均采用王水进行消解，HJ 680—2013 采用微波消解的方式，GB/T 22105.1—2008、GB/T 22105.2—2008 等方法采用水浴加热消解的方式。配制王水溶液用的盐酸和硝酸都有很强的腐蚀性和挥发性，应在通风橱内进行配置。

②硼氢化钾是强还原剂，极易与空气中的氧气等反应，容易在中性和酸性溶液中分解，因此应严格按要求配置，且需要现用现配。

③汞极易吸附或蒸发，其标准曲线应现用现配。重铬酸钾是保存微量汞最好的稳定剂，因此 GB/T 22105.1—2008 中要求用重铬酸钾稳定溶液中的汞（HJ 680—2013 方法中无要求）。重铬酸钾有极强的氧化性，且有毒性，使用时需注意使用安全。

④使用的氩气纯度要≥99.99%。

⑤刚放入水浴锅消解时，由于温差较大，比色管盖可能会蹦出，需要适当开盖放气，消解时可采取橡皮筋捆绑等保护管盖的操作。

3. 质量控制要求

GB/T 22105.1—2008、GB/T 22105.2—2008 方法中未做系统要求，可参照 HJ 680—2013 中的相关规定进行分析：

（1）标准曲线。每次分析应建立标准曲线，其相关系数应≥0.999。

（2）全程空白。每批次样品至少分析 2 个空白试样，空白试样的测定值应低于方法检出限。

（3）样品平行。每 10 个样品或每批次（少于 10 个样品/批）至少分析 1 个平行样。

（4）质控样。每批次样品应分析 1～2 个有证标准物质，测定结果在证书范围内。

4. 常见问题分析

原子荧光法消解时对使用器皿的洁净程度要求比较高。消解的样品空白有时候会有检出，因此消解时一定要注意防止污染。当发现空白高于方法检出限时，应从器皿、试剂、仪器管路等方面排查污染情况，彻底处理污染问题，直至空白低于检出限，方可继续测试。

4.6　土壤中无机元素的测定——X 射线荧光光谱法

1. 背景介绍

（1）砷（As）。具体内容见 4.5.1 节。

（2）钡（Ba）。和其他碱土金属一样，钡在地球上到处都有分布：在地壳上部的含量是 0.026%，在地壳中的平均含量是 0.022%。自然界中含钡的主要矿物为重晶石（$BaSO_4$）和毒重石（$BaCO_3$）。可溶性的钡的化合物有强毒性，用于杀鼠剂、杀虫剂，比如 $BaCl_2$，用于防治多种植物害虫。土壤中高浓度的钡会使农作物减产，而人暴露在高浓度钡的环境中，在短期内会产生肠胃功能失调、肌肉衰弱等不良反应，长期暴露会引发高血压等疾病。

（3）钴（Co）。钴是比较稀有的微量元素。地壳中钴的平均浓度为 25 mg/kg，碱岩和超碱岩约含 100 mg/kg。钴一般伴生于镍、铜、铅、锌等的硫化物矿床中，但含钴量较低。钴主要作为黏结剂用于制造硬质合金，此外，还用于陶瓷、玻璃、油漆、颜料、搪瓷、电镀等行业。钴是动物必需的微量营养元素，虽然钴对一些植物生长有益，但到目前为止还没有被证实是植物所必需的元素。土壤钴含量过高，或因污灌、施用污泥、应用农药和化肥而带入过量钴的农田，都可能发生钴毒害，抑制植物生长发育，钴含量高的农产品也会损害人和动物的健康，造成心肌和胰腺损伤，降低甲状腺浓缩碘的能力等。2017 年 10 月 27 日，世界卫生组织国际癌症研究机构公布了致癌物清单，钴和钴化合物在 2B 类致癌物清单中。

（4）铬（Cr）。具体内容见 4.4.1.1 节。

（5）铜（Cu）。具体内容见 4.4.1.1 节。

（6）锰（Mn）。锰广泛存在于自然界中，土壤中含锰 0.25%，茶叶、小麦及硬壳果实含锰较多。锰是微量元素中丰度最大的，自然界中没有游离态的锰，以锰为主要元素的矿物近百种，而以锰为次要元素的矿物则更多。锰在工业上主要用于制造锰铁和锰合金。锰是植物必需的微量营养元素，可促进光合作用，但植物吸收过量的锰会产生生理代谢失调、生长发育受阻的中毒现象，锰毒害发生于二价锰水平较高的土壤中，主要是强酸性土壤。锰是人体必需的营养元素，正常人每日从食物和水中摄取锰 3~10 mg，过多则会损害神经系统。

（7）镍（Ni）。具体内容见 4.4.1.1 节。

（8）铅（Pb）。具体内容见 4.4.1.1 节。

（9）锌（Zn）。具体内容见 4.4.1.1 节。

（10）二氧化硅（SiO_2）。硅在地球上分布广泛，在地壳中含量约为 27.6%，是地壳中仅次于氧的第二丰富元素。主要以硅酸盐矿物和石英矿的形式存在于自然界中。土壤硅主要来源于原生矿物、次生铝硅酸盐和二氧化硅。土壤硅可分为水溶态硅、无定形硅、胶体态硅、结晶态硅和有机态硅。硅对于水稻、小麦、花生、番茄、草莓等许多作物的生长发育具有重要作用，可以有效促进水稻生长发育，提高光能利用率、改善呼吸作用、降低蒸腾作用、增强抗逆性，调节作物对某些养分的吸收和利用。同时，硅是人体必需的微量元素之一。硅及含硅的粉尘对人体最大的危害是引起矽肺。硅在日常生活、生产和科研等方面有着重要的用途，是制造玻璃、水玻璃、光导纤维、高纯半导体、光学仪器、工艺品和耐火材料的原料。

（11）三氧化二铝（Al_2O_3）。三氧化二铝是土壤等硅酸盐类样品全分析的重要参数之一。铝是地壳中含量最丰富的金属元素，在地壳和土壤中的含量仅次于氧和硅，约占地壳总量的 7.73%。铝以其氧化物或铝硅酸盐（如长石、云母和黏土）等形式存在，占全部含铝矿物的 99% 以上。土壤中的铝可经过水解、聚合、配合、沉淀和结晶等反应相互转化，这些不同结构、性质和形态的铝对土壤的表面电荷、酸碱特性、离子交换性能、腐殖物质的形成和转化、土壤微团聚体的形成和性质等方面起着重要的作用。一般而言，在生物体内铝的含量很少，铝也并非植被的营养元素，植物体内某些铝的形态对大多数植物具有直接的植物毒性或间接致生理障碍作用，植物即表现为铝中毒。铝毒会影响植物营养成分的吸收与代谢，抑制植物对钙、镁、钾、磷、氮等营养成分的吸收。铝是对人体有害的元素，一旦人体中铝元素含量过高，其会对人的脑、心、肝、肾的功能和免疫力都有较大的损害，会导致儿童智力发育障碍、中老年早衰、老年人发生痴呆症。铝及其合金的独特性质使其在航空、建筑、汽车三大重要工业的发展过程中起着重要的作用。

（12）三氧化二铁（Fe_2O_3）。铁在地壳中的含量大约为 4.75%，是土壤中含量较高的元素，在地壳中含量仅次于氧、硅和铝，同时也是植物生长发育及生命活动中必需的营养元素之一，如在进行光合作用、呼吸作用、氮代谢中均起着很重要的作用。土壤中铁以多种形态存在，主要有水溶态、交换态、配位吸附态、有机结合态、氧化物和碳酸盐结合态、矿物态等。不同形态的铁在土壤中的移动性和对植物的有效性均有所不同，直接有效的是水溶态。土壤中总铁含量很高，但是有效铁的含量会受多种因素的影响，例如土壤 pH、有机质、氧化还原电位以及养分之间的相互作用等，较容易出现缺乏现象。铁是一种重要的微量元素，不仅对植物，而且对人体健康也有重要作用，铁参与人体的造血活动、氧的运输和存储，对免疫系统有影响，直接参与人体的能量代谢。广泛用于油漆、橡胶、塑料化妆品、建筑精磨材料、精密五金仪器、光学玻璃、搪瓷、文教用品、皮革、磁性合金和高级合金钢等领域。

（13）氧化钾（K_2O）。钾在自然界中没有单质形态存在，钾元素以盐的形式广泛分布于陆地和海洋中。钾盐是重要的肥料，是植物生长的三大营养元素之一，也是人体肌肉组织和神经组织中的重要成分之一。钾是影响农作物生长和产量的因素之一，根据钾存在的形态和作物吸收利用的情况，可以将钾分为水溶性钾、交换性钾、黏土矿物中固定的钾，三者可在一定条件下相互转化。前两类可以被作物直接吸收利用，统称为速效钾。黏土矿物中的固定钾是土壤钾的主要贮存形态，不能被作物直接吸收利用。钾是人体生长必需的营养素，它占人体无机盐的 5%，对保持健全的神经系统和调节心脏节律非常重要。钾主要用于无机工业，是制造各种钾盐的基本原料，医药工业用作利尿剂及防治缺钾症的药物，日化工业用于制取肥皂，电池工业用于制造碱性电池的电解质。此外，还用于制造枪口或炮口的消焰剂、钢铁热处理剂以及用于照相。

（14）氧化钠（Na_2O）。钠是一种金属元素，是碱金属元素的代表，质地柔软，化学性质较活泼。钠元素以盐的形式广泛地分布于陆地和海洋中，是动植物重要的成分之一。一般植物体内的钠的平均含量是干物重的 0.1% 左右，但喜钠植物体内含钠量很高。钠是植物必需的营养元素，可刺激植物生长，影响植物水分平衡与细胞伸展。此外，钠还有一个重要的营养功能，即代替钾行使的营养作用。但是土壤中交换性钠大于 5% 时为碱化土，超过 20% 时为碱土，盐碱土壤影响作物养分吸收利用，造成土壤板结不渗水、作物僵苗等。钠是人体中的一种重要无机元素，能保证体内水的平衡，调节体内水分与渗透压，维持体内酸和碱的平衡，维持血压正常，增强神经肌肉兴奋性等。

（15）氧化钙（CaO）。钙是一种金属元素，单质常温下为银白色固体，化学性质活泼，因此在自然界中多以离子状态或化合物形式存在。地壳中钙含量为 4.15%，占第五位，主要的含钙矿物有石灰石、白云石、石膏、萤石、磷灰石等。钙的化合物在工业、建筑工程和医药上用途很大。土壤钙的形态主要有矿物态钙、交换态钙和水溶态钙及少量的有机结合态钙。其中交换态钙和水溶态钙统称为有效态钙，是植物可利用的钙，主要存在于叶子或老的器官和组织中，它是一个比较不易移动的元素。钙是人类骨、齿的主要无机成分，也是神经传递、肌肉收缩、血液凝结、激素释放和乳汁分泌等所必需的元素。

（16）氧化镁（MgO）。镁是一种银白色的轻质碱土金属，化学性质活泼，能与酸反应生成氢气，具有一定的延展性和热消散性。镁元素在自然界广泛分布，在地壳中含量大约为 2%，是人体的必需元素之一。主要用于制造轻金属合金、球墨铸铁、科学仪器和格氏试剂等。土壤镁的形态主要有矿物态镁、交换态镁、酸溶态镁、水溶态镁及少量的有机结合态镁。其中，交换态镁与水溶态镁统称为有效态镁，是植物可利用的镁，是构成植物体内叶绿素的主要成分之一，与植物的光合作用、蛋白质的合成、酶的活化有关。镁属于人体营养素，属于矿物质的常量元素类，主要分布在细胞内，在维持神经肌肉的机能正常运作、血糖转化等过程中扮演着重要角色。

（17）铈（Ce）、镧（La）、钇（Y）、钪（Sc）。化学元素周期表中镧系元素及与镧系密切相关的元素——钇（Y）和钪（Sc）共 17 种元素，称为稀土元素。它们都是很活泼的金属，性质极为相似，易形成稳定的配位化合物，在自然界中主要矿物有独居石、铈硅石、铈铝石、黑稀金矿和磷酸钇矿。稀土元素已广泛应用于电子、石油化工、冶金、机械、能源、轻工、环境保护、农业等领域，有工业"黄金"之称。研究结果表明，稀土元素可以提高植物的叶绿素含量，增强光合作用，促进根系发育，增加根系对养分的吸收。

（18）钍（Th）。钍是一种放射性金属元素，钍经过中子轰击，可得铀 – 233，因此它是潜在的核燃料。金属钍带钢灰色光泽，质地柔软，化学性质较活泼。钍广泛分布在地壳中，以化合物的形式存在于矿物内（如独居石和钍石），通常与稀土金属联系在一起。钍是比铀更安全的核燃料，是一种前景十分可观的能源材料。

（19）铷（Rb）。铷是一种银白色的轻金属，属于碱金属元素，质软而呈蜡状，其化学性质比钾活泼，在光的作用下易放出电子。铷无单独工业矿物，常分散在云母、铁锂云母、铯榴石和盐矿层、矿泉之中。长期以来，由于金属铷化学性质比钾还要活泼，在空气中能自燃，因而制约了其在一般工业应用领域的开发研究和大量使用。目前应用于能源、电子、特种玻璃、医学等领域。

（20）锶（Sr）。锶（Sr）与钙、镁、钡同属碱土金属，是碱土金属（除铍外）中丰度最小的元素。在自然界中以化合态存在，主要的矿石有天青石（$SrSO_4$）、菱锶矿（$SrCO_3$），广泛存在于土壤、海水中，是一种人体必需的微量元素，具有防止动脉硬化、防止血栓形成的功能。用于制造合金、光电管以及分析化学试剂、烟火等。

（21）镓（Ga）。镓是灰蓝色或银白色的金属，镓在地壳中的浓度很低，占总量的 0.001 5%。它的分布很广泛，但不以纯金属状态存在，自然界中常微量分散于铝土矿、闪锌矿等矿石中。镓化合物如氮化镓、砷化镓、磷化镓、锗半导体掺杂元素在电子工业已经引起了越来越多的注意。镓和镓的化合物有微弱的毒性。

（22）钛（Ti）。钛是一种银白色的过渡金属，其特征为重量轻、强度高、具金属光泽，耐湿氯气腐蚀。在地壳中，钛的储量仅次于铁、铝、镁，居金属第四位，但在自然界中存在分散并难于提取。钛同时存在于几乎所有生物、岩石、水体及土壤中，矿石主要有钛铁矿及金红石。钛及其钛化合物、合金在航天军事、工业程序、汽车、农产食品、医学、珠宝及手机等方面有着广泛的应用，被誉为"现代金属"和"战略金属"。

（23）钒（V）。钒是一种银灰色金属，熔点很高，常与铌、钽、钨、钼并称为难熔金属。在地壳中，钒的含量并不少，比铜、锡、锌、镍的含量都多，但钒的分布太分散了，几乎没有含量较多的矿床，世界上已知的钒储量有 98% 产于钒钛磁铁矿。钒具有众多优异的物理性能和化学性能，因而钒的用途十分广泛，有金属"维生素"之称，其应用范围涵盖了航空航天、化学、电池、颜料、玻璃、光学、医药等众多领域。钒是生物正常生长可能必需的矿物质，钒有多种价态，有生物学意义的是四价和五价态。

（24）锆（Zr）。锆是一种高熔点金属，呈浅灰色。锆在地壳中的含量为 0.025%，几乎与铬相等，但分布非常分散。自然界中具有工业价值的含锆矿物，主要有锆英石及斜锆石。世界锆资源主要赋存于海滨砂矿矿床中，只有少部分赋存于积矿砂和原生矿中。锆是一种稀有金属，具有惊人的抗腐蚀性能、极高的熔点、超高的硬度和强度等特性，被广泛用在航空航天、军工、核反应、原子能领域。

2. 测试方法及要点

（1）方法简述。《土壤和沉积物 无机元素的测定 波长色散 X 射线荧光光谱法》（HJ 780—2015）规定了测定土壤和沉积物中 25 种无机元素和 7 种氧化物的波长色散 X 射线荧光光谱法。本标准适用于土壤和沉积物中 25 种无机元素和 7 种氧化物的测定，该方法中的主要内容如表 4 - 6 - 1 所示。

表 4 - 6 - 1　土壤中无机元素的分析方法

项目	标准名称：《土壤和沉积物 无机元素的测定 波长色散 X 射线荧光光谱法》（HJ 780—2015）			
方法原理	土壤或沉积物样品经过衬垫压片或铝环（或塑料环）压片后，试样中的原子受到适当的高能辐射激发，放射出该原子所具有的特征 X 射线，其强度大小与试样中该元素的质量分数成正比。通过测量特征 X 射线的强度来定量分析试样中各元素的质量分数			
适用范围	土壤或沉积物中的砷（As）、钡（Ba）、溴（Br）、铈（Ce）、氯（Cl）、钴（Co）、铬（Cr）、铜（Cu）、镓（Ga）、铪（Hf）、镧（La）、锰（Mn）、镍（Ni）、磷（P）、铅（Pb）、铷（Rb）、硫（S）、钪（Sc）、锶（Sr）、钍（Th）、钛（Ti）、钒（V）、钇（Y）、锌（Zn）、锆（Zr）、二氧化硅（SiO_2）、三氧化二铝（Al_2O_3）、三氧化二铁（Fe_2O_3）、氧化钾（K_2O）、氧化钠（Na_2O）、氧化钙（CaO）、氧化镁（MgO）等的测定			
分析仪器	X 射线荧光光谱仪			
定性方法	X 射线荧光光谱半定量分析（扫描）			
定量方法	X 射线荧光光谱定量分析（定点测量）			
检出限	本方法无机元素的检出限为 1 ~ 50 mg/kg，测定下限为 3 ~ 150 mg/kg；氧化物的检出限为 0.05% ~ 0.27%，测定下限为 0.15% ~ 0.81%			
	项目	标准样品个数	曲线最低点含量	曲线最高点含量	方法检出限（3S）
	Al_2O_3（%）	61	0.68	23.45	0.041 1
	CaO（%）	59	0.1	35.67	0.029 5
	Fe_2O_3（%）	62	0.21	14.8	0.022 6
	K_2O（%）	60	0.13	5.34	0.035
	MgO（%）	45	0.15	4.66	0.021 5
	Na_2O（%）	50	0.04	8.99	0.033 4

续上表

	项目	标准样品个数	曲线最低点含量	曲线最高点含量	方法检出限（3S）
检出限	SiO₂（%）	60	44.64	90.36	0.095 3
	Ti（%）	62	0.023 0	1.440 0	0.000 8
	As（mg/kg）	56	2	412	0.9
	Ba（mg/kg）	61	42	1 210	7
	Ce（mg/kg）	58	24.0	402	0.9
	Co（mg/kg）	61	2.3	52	0.8
	Cr（mg/kg）	62	3.4	370	3.3
	Cu（mg/kg）	62	2.2	1 230	1.1
	Ga（mg/kg）	62	0.9	32	1.5
	La（mg/kg）	52	11.8	164	4.6
	Mn（mg/kg）	60	155	1 760	6.7
	Ni（mg/kg）	60	2.3	140	1.5
	Pb（mg/kg）	61	8.9	210	1.9
	Rb（mg/kg）	62	4	470	1.3
	Sc（mg/kg）	60	2.1	43	1
	Sr（mg/kg）	62	20	1 100	1.7
	Th（mg/kg）	56	2.6	70	1.6
	V（mg/kg）	60	5.4	296	3.7
	Y（mg/kg）	61	7	67	0.7
	Zn（mg/kg）	62	7	874	0.9
	Zr（mg/kg）	61	11	524	1.9

	项目	谱线	2θ/（°）谱峰	2θ/（°）背景	电压（kV）	电流（mA）	晶体	探测器
仪器测量条件	Al₂O₃	KA1 – Maj	144.478	—	30	90	PET	FC
	CaO	KA1 – HS – Min	113.115	—	50	20	LiF200	FC
	K₂O	KA1 – HS – Min	136.660	—	50	60	LiF200	FC
	MgO	KA1 – HS – Min	20.586	—	30	100	XS – 55	FC
	Na₂O	KA1 – HS – Min	24.877	—	30	100	XS – 55	FC
	SiO₂	KA1 – Maj	108.978	—	30	30	PET	FC

续上表

项目	谱线	2θ/（°）谱峰	2θ/（°）背景	电压（kV）	电流（mA）	晶体	探测器
Fe_2O_3	KA1 – Maj	57. 522	—	60	5	LiF200	SC
As	KA1 – HR – Min	33. 977	32. 499/35. 110	60	50	XS – 400	SC
Ba	LA1 – HR – Min	87. 156	89. 260	50	60	XS – 400	FC
Ce	LA1 – HS – Min	79. 143	81. 850	50	60	XS – 400	FC
Co	KA1 – HR – Min	52. 802	54. 001	60	50	XS – 400	SC
Cr	KA1 – HR – Min	69. 348	70. 670	60	50	XS – 400	SC
Cu	KA1 – HS – Min	45. 044	46. 855	60	50	XS – 400	SC
Ga	KA1 – HS – Min	38. 924	39. 524	60	50	XS – 400	SC
La	LA1 – HS – Min	82. 942	81. 850	50	60	XS – 400	FC
Mn	KA1 – HR – Min	62. 982	64. 808	60	50	LiF200	SC
Ni	KA1 – HS – Min	48. 685	49. 866	60	50	XS – 400	SC
Pb	LB1 – HR – Min	28. 273	28. 810	60	50	XS – 400	SC
Rb	KA1 – HR – Min	26. 638	24. 500	60	50	XS – 400	SC
Sc	KA1 – HR – Min	97. 699	96. 930	60	60	LiF200	FC
Sr	KA1 – HR – Min	25. 168	24. 500	60	50	XS – 400	SC
Th	LA1 – HR – Min	27. 479	29. 510	60	50	XS – 400	SC
Ti	KA1 – HR – Min	86. 146	85. 180	50	60	LiF200	FC
V	KA1 – HR – Min	76. 948	78. 136	50	60	LiF200	FC
Y	KA1 – HR – Min	23. 786	24. 500	60	50	XS – 400	SC
Zn	KA1 – HR – Min	41. 804	42. 532	60	50	XS – 400	SC
Zr	KA1 – HR – Min	22. 570	24. 500	60	50	XS – 400	SC

仪器测量条件（对应上表左侧合并单元格）

制样工具	粉末压片机
制样步骤	用硼酸或高密度低压聚乙烯粉垫底、镶边或塑料环镶边，将 5 g 左右过筛样品于压片机上以一定压力压制成 ≥7 mm 厚度的薄片。根据压力机及镶边材质确定压力及停留时间
进样方式	自动进样

续上表

计算公式	土壤及沉积物样品中无机元素（或氧化物）的质量分数 w_i，按照以下公式进行计算。$$w_i = k \times (I_i + \beta_{ij} \times I_k) \times (1 + \sum \alpha_{ij} \times w_j) + b$$ 式中：w_i——待测无机元素（或氧化物）的质量分数，mg/kg 或 % w_j——干扰元素的质量分数，mg/kg 或 % k——标准曲线的斜率 b——标准曲线的截距 I_i——测量元素（或氧化物）的 X 射线荧光强度，个数/s（cps） β_{ij}——谱线重叠校正系数 I_k——谱线重叠的理论计算强度 α_{ij}——干扰元素对测量元素（或氧化物）的 α 影响系数

（2）测试要点。

①当更换氩气 – 甲烷气体后，应进行漂移校正或重新建立校准曲线。

②当样品基体明显超出本方法规定的土壤和沉积物校准曲线范围时，或当元素质量分数超出测量范围时，应使用其他国家标准方法进行验证。

③硫和氯元素具有不稳定性、极易受污染等特性，分析含硫和氯元素的样品时，制备后的试样应立即测定。

④样品中二氧化硅质量分数大于 80% 时，本方法不适用。

⑤更换 X 光管后，调节电压、电流时，应从低电压、电流逐步调节至工作电压、电流。

3. 质量控制要求

（1）应定期对测量仪器进行漂移校正，如更换氩气 – 甲烷气，环境温湿度变化较大时、仪器停机状态时间较长后开机等。用于漂移校正的样品的物理与化学性质需保持稳定，漂移量偏大时需重做校准曲线，可使用高质量分数标准化样品进行校正。

（2）每批样品分析时应至少测定 1 个土壤或沉积物的国家有证标准物质，其测定值与有证标准物质的相对误差见表 4 – 6 – 2。

表 4 – 6 – 2　国家有证标准物质准确度要求

含量范围	准确度
	$\triangle \lg C \text{（GBW）} = |\lg C_i - \lg C_s|$
检出限 3 倍以内	≤0.12
检出限 3 倍以上	≤0.10
1% ~ 5%	≤0.07
>5%	≤0.05

注：C_i 为每个 GBW 标准物质的单次测量值；C_s 为 GBW 标准物质的标准值。

（3）每批样品应进行20%的平行样测定，当样品数小于5个时，应至少测定1个平行样。测定结果的相对偏差见表4-6-3。

表4-6-3　平行双样最大允许相对偏差

含量范围/（mg/kg）	最大允许相对偏差/%
>100	±5
10～100	±10
1.0～10	±20
≤1.0	±25

（本节内容由广东省地质实验测试中心提供）

4.7　土壤有机物前处理

1. 背景介绍

从环境中采集的样品，大部分都不能直接进行分析测定。特别是许多环境样品以多相非均一态的形式存在，因此，土壤有机物前处理要求剔除枝棒、沙砾、石块等，还要求尽可能去除土壤的水分。此外，环境样品中有毒有害物质的浓度一般很低，难以直接测定。所以，采集的环境样品必须经过处理后才能进行分析测定。前处理可以起到浓缩痕量组分的作用，从而提高方法的灵敏度，降低检出限；其次可以消除基体对测定的干扰，提高方法灵敏度。

土壤有机物的前处理有以下特点：多数有机物在高温下易挥发，容易导致测量结果偏低，因此制备样品之前不能将样品烘干；对比无机项目前处理，无法直接溶解或者用强酸强碱将含有目标物质的基体破坏后溶解目标物质，只能通过用溶解度更大的溶剂将目标物萃取出来，过程相对缓慢、复杂；制备出供分析的样品量非常小，且溶剂易挥发，涉及容器转移和定容等操作要求更加精细、迅速。

2. 测试方法及要点

（1）方法简述。

①样品制备。用于筛选污染物为目的的样品，应对新鲜样品进行处理，将样品放在搪瓷盘或不锈钢上，混匀，除去枝棒、叶片、石子等异物，按照HJ/T 166—2004进行四分法粗分。自然干燥不影响分析目的时，也可将样品自然干燥。新鲜土壤或沉积物样品可采用冷冻干燥和干燥剂方法干燥。如果土壤或沉积物样品中水分含量较高（大于30%）时，应先进行离心分离出水相，再进行干燥处理。半挥发性有机物、多氯联苯、石油烃（C_{10}—C_{40}）等测定项目对应样品称取质量见表4-7-1。

表 4 - 7 - 1　半挥发性有机物、多氯联苯、石油烃（C_{10}—C_{40}）等测定项目对应样品称取质量

项目	称取质量/g
半挥发性有机物	20.00
多氯联苯	10.00
石油烃（C_{10}—C_{40}）	10.00
多环芳烃	20.00
有机磷农药	10.00
有机氯农药	20.00

②提取。选取合适的方法将有机物从土壤中提取出来，是整个土壤样品分析中最重要的一步，最佳的提取技术和操作能减少误差，提高分析精度和整体的分析效率。

近 20 年来，有机前处理技术发展很快，有微波辅助萃取、自动索氏提取、吹扫捕集、固相微萃取、加压流体萃取等一些快速、自动化程度高的前处理技术，美国 EPA 已将它们纳入 SW846 等系列标准方法中。以上方法的主要特点是自动萃取、耗时少、溶剂用量少、损失少、回收率高。分析目标物对应提取方法选择如表 4 - 7 - 2 所示。

表 4 - 7 - 2　分析目标物对应提取方法选择

提取方法	索氏萃取	超声提取	微波辅助提取	加压溶剂萃取（ASE）	依据
半挥发性有机物	√			√	HJ 834—2017
石油烃（C_{10}—C_{40}）	√			√	HJ 1021—2019
多氯联苯	√	√	√	√	HJ 743—2015
多环芳烃	√			√	HJ 805—2016
有机磷农药	√			√	HJ 1023—2019
有机氯农药	√			√	HJ 835—2017

目前，加压流体萃取技术正在被环境监测和研究、食品安全检测、进出口产品检测检疫等众多实验室使用。加压流体萃取法是在较高的温度（50 ~ 200 ℃）和压力（1 000 ~ 3 000 psi①）下用溶剂萃取固体或半固体中有机化合物的自动化萃取方法。加压流体萃取的原理是：提高萃取温度可以加快溶质分子的无规则运动，并降低溶剂的黏度从而提高扩散速率；提高温度还可以增加溶质在溶剂中的溶解度，提高萃取效率。增加压力可以使溶剂在高温条件下保持液态，以免气化后溶解度下降，同时因为体系压力提高，溶剂向样品空隙渗透更加容易，进而提高萃取率。原理示意图如图 4 - 7 - 1 所示。

————————————

①　1 psi = 6 894.757 Pa。

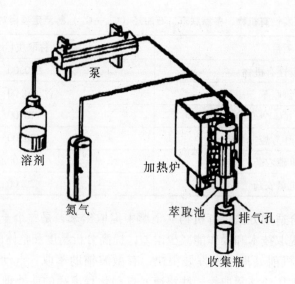

图 4 - 7 - 1　加压流体萃取仪原理示意图

加压流体萃取仪由溶剂瓶、泵、气路、加热炉、不锈钢萃取池和收集瓶等构成。工作程序如下：手工将样品装入萃取池中，放到圆盘式传送装置上。后续步骤将由仪器自动进行，圆盘传送装置将萃取池送入加热炉腔并与相对应编号的收集瓶连接，泵将溶剂输送到萃取池（20~60 s）。萃取池在加热炉中被加温和加压（5~8 min），在设定的温度和压力下静态萃取 5 min。多次少量向萃取池中加入清洗溶剂（20~60 s），萃取液自动经过滤膜进入收集瓶中，用氮气吹洗萃取池和管道（60~100 s），萃取液全部进入收集瓶待分析。该方法根据《土壤和沉积物　有机物的提取　加压流体萃取法》（HJ 783—2016）规定的萃取条件及参数，见表 4 - 7 - 3。

与索氏提取、超声、微波和经典的分液漏斗振摇等公认的成熟的方法相比，加压流体萃取的突出优点如下：有机溶剂用量少；快速，完成一次萃取的时间一般仅需 15 min；基体影响小，对不同的基体可用相同的萃取条件；萃取效率高，选择性好，已成熟的用溶剂萃取的方法都可以用加压流体萃取；使用方便，安全性好，自动化程度高。

表 4 - 7 - 3　加压流体萃取条件及典型参数

加压流体萃取条件	参数
载气压力	0.8 Mpa
加热温度	100 ℃
萃取池压力	1 200~2 000 psi
与加热平衡	5 min
静态萃取时间	5 min
溶剂淋洗体积	60% 池体积
氮气吹扫时间	60 s
静态萃取次数	1~2 次

③净化。净化是指用化学或物理的方法除去提取物中对测定有干扰的杂质的过程。净化是样品前处理中非常重要的环节，当用有机溶剂提取样品时，一些干扰杂质可能与待测物一起被提取出来，这些杂质若不除掉将会影响检测结果，甚至无法进行定性定量，严重时还会降低色谱柱效、污染检测器，所以提取液需经过净化处理。净化的原则是尽量除去干扰物，尽量减少待测物的损失。

净化方式一般选择柱层析法或凝胶色谱法。柱层析法是将提取液与目标物一起通过一根吸附柱，使目标物被吸附在吸附剂上，然后用适当的极性溶剂来淋洗，达到分离杂质的目的。

凝胶渗透色谱，又称凝胶色谱或排阻色谱，是利用混合物中各组分的分子大小不同，在多孔凝胶填料上渗透程度也不同，从而使组分分离，能够有效去除样品中的油脂、聚合物、色素等大分子杂质。

凝胶色谱的具体操作及条件选择可参见《土壤和沉积物　半挥发性有机物的测定　气相色谱 – 质谱法》（HJ 834—2017）。吸附剂根据待测的不同目标产物可选择氧化铝、硅酸镁或硅胶，具体不同目标分析物类别及适用净化方法详见表 4 – 7 – 4。

表 4 – 7 – 4　目标分析物类别及适用净化方法

目标化合物	氧化铝柱	硅酸镁柱	硅胶柱	凝胶渗透色谱
苯胺和苯胺衍生物		√		
苯酚类			√	√
邻苯二甲酸酯类	√	√		√
亚硝基胺类	√	√		√
有机氯农药	√	√	√	√
硝基芳烃和环酮类		√		√
多环芳烃类	√	√	√	√
卤代醚类		√		√
氯代烃类		√		√
其他半挥发性有机物				√

此外，硫元素普遍存在于许多土壤样品中，且在各种溶剂中的溶解度与有机氯农药和有机磷农药非常相似，因此硫干扰贯穿于整个农药提取和净化过程中。加入铜粉震荡可将硫氧化，使硫从有机相中分离出来。

样品净化（使用凝胶色谱）与未净化的差异见图 4 – 7 – 2 和图 4 – 7 – 3。样品被净化后，杂质有效去除，定性定量分析更精准。

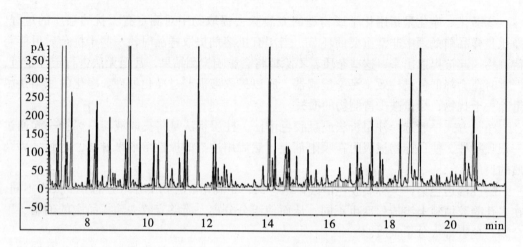

图 4 - 7 - 2　未经净化样品色谱图

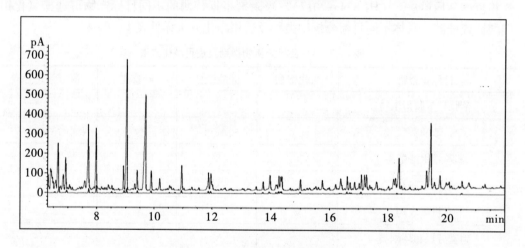

图 4 - 7 - 3　净化后样品色谱图

④浓缩。浓缩方法可选择氮吹浓缩、旋转蒸发浓缩和平行蒸发浓缩，其他方法经验证明效果优于或等效时也可使用。以下主要介绍氮吹浓缩。

氮吹浓缩是用氮气在溶液上方吹扫，通过氮气的快速流动打破溶液上空的气液平衡，气相中溶剂分子的浓度降低，增大了溶剂在气液两相中的浓度差，从而使溶剂挥发加快的一种浓缩方法。氮吹仪主要包括气体分配室、气针、高度调节支架、氮气接口、加热模块等。氮吹浓缩的特点有：可大批处理样品，在多因素、多水平的重复实验中优势更为明显；操作简洁、灵活，可以不受制约地控制浓缩的进程；不需要操作者长时间维护，节省人力。

（2）测试要点。

①防止交叉污染。

a. 称取土壤样品和萃取的过程要在通风设备下进行，避免挥发出来的有机物富集，再被土壤样品或硅藻土吸附造成污染。

b. 样品制备步骤称取土壤所用的搪瓷托盘、药匙与研磨步骤所用的研钵要在处理下一个样品前清洗洁净。

c. 提取样品所使用的萃取池、萃取液接收瓶、氮吹针头等与样品接触的器皿应该用萃取溶剂清洗多次再使用，防止上一个样品的残留影响测定。

d. 加强空白值的监控，当某批次样品检测出特别高浓度样品时，要特别关注不同地块间样品的交叉污染。

e. 干燥鲜样和填充萃取池使用的硅藻土应高温充分除杂，避免引入背景干扰。

②确保取样代表性。

a. 称取样品时，为保证样品具有代表性，应按照四分法充分混匀后再称取。

b. 当浓度超出校准曲线范围时，不应该随意减少样品称取量，而是应该在萃取完后分取或稀释。

③减少待测物的损失。氮吹浓缩时，应严格控制不要把溶剂吹干，否则低沸点的一部分酚类、石油烃、多环芳烃等有机物会随着溶剂蒸发而造成损失。

3. 质量控制要求及要点

（1）实验室空白。实验室空白除了不取待测样品外，其所加试剂和操作步骤与试验测定完全相同。可体现试剂中杂质、环境及操作进程的玷污等的响应值，这些因素是经常变化的，为了了解它们对试样测定的综合影响，在每批次测定时，均应做空白试验，空白试验所得的响应值称为空白试验值，应低于方法的检出限。当空白试验值偏高时，检查试剂的空白、量器和容器是否玷污、仪器的性能以及环境状况等。每批次样品（不超过 20 个）至少做一个实验室空白。

（2）平行样品测定。平行测定是指取几份同一试样，在相同的操作条件下对它们进行测定。通过平行测定，可以减少随机误差，提高精确度。每批次样品（不超过 20 个）至少做一个实验室平行。

（3）样品加标测定。回收率是反映待测物在样品分析过程中损失程度的指标，损失越少，回收率越高，它与真实成分和分析准确度有密切的关系。目前在实验室内用样品加标回收来达到准确度质量控制的目的。每批次样品（不超过 20 个）至少做一个加标样品。

（4）替代物的回收率。如需采取加入替代物指示全程样品回收效率，可抽取同批次 25～30 个样品的替代物加标回收率，计算其平均加标回收率 p 及标准偏差 s，则替代物的回收率须控制在 $p \pm 3s$ 内。

4. 常见问题分析

（1）实验室空白目标化合物浓度高于检出限。实验室空白检出目标化合物，原因是萃取池、萃取液接收瓶、氮吹针头等与样品接触的器皿未清洗洁净就使用造成的交叉污染。使用前应用萃取溶剂清洗多次。

（2）平行样品偏差大。在排除样品被交叉污染的情况下，平行样品会因为称取时没有混匀而导致样品浓度不均，取样后平行样品浓度偏差大。

（3）替代物回收率低。在氮吹浓缩时如果溶剂蒸发过量，替代物中低沸点的物质会随溶剂一起蒸发。所以氮吹浓缩应严格控制不能吹干。

（4）加压流体萃取仪常见故障。

①运行过程中提供给压缩加热炉系统的氮气压力不足，会导致萃取中断，应定期检查氮气压力，及时更换。

②给系统提供空气压力不够时，针头、自动密封臂等部件不足以被驱动而导致萃取中断，根据系统报错提示得知，可联系厂商维修。

③萃取过程在加载收集瓶或萃取池时中断，加载路径中间有障碍物导致加载失败。重新运行前将障碍物清除即可。

④萃取溶剂量不够或者收集瓶容量不足时，萃取过程会中断，应定期检查溶剂量并及时补充。

⑤系统提示萃取池内压力过高，可能是清洗管路、溶剂流路、针头、静态阀堵塞或者损坏，可拆卸后逐一重接排查，并对故障部件进行更换或维修。

⑥有机溶剂传感器的错误提示一般是由溶剂泄漏引起的，应仔细检查萃取池是否密封好，或者密封垫是否失效。有时也会因为照射在接收瓶附近的光线太强而报警。

⑦萃取池出口处出现结块，是因为该样品包含非常小的颗粒，在高压下，这些细小颗粒相互黏附而结块，从而堵塞萃取池。应重新称取样品，增加硅藻土的用量和研磨时间使样品更加分散。

4.8　土壤半挥发性有机物分析

4.8.1　土壤中半挥发性有机物的测定

1. 背景介绍

半挥发性有机物（SVOCs），一般指沸点在 260~400 ℃ 的有机化合物。由于半挥发性有机物的分子量大、沸点高，因此在环境中较挥发性有机物更难降解、存在的时间会更长，具有高毒性、持久性、积聚性。它们易在水、土壤、空气、生物等介质中迁移转化，长期存在于水、土壤中，通过生物富集而危害人体健康。其环境归宿通常是土壤和沉积物。半挥发性有机物成千上万，最常见的类别包括多环芳烃、石油烃（C_{10}—C_{40}）、有机氯农药、有机磷农药、多氯联苯、多氯代烃类、邻苯二甲酸酯类、亚硝胺类、卤醚类、酚类、醚类、酮类、苯胺类、吡啶类、喹啉类、三嗪类农药、芳香硝基化合物、二噁英和呋喃等。

2. 测试方法及要点

（1）方法简述。土壤中半挥发性有机物的测试方法有气相色谱法、气相色谱－质谱法、液相色谱法、液相色谱－质谱法。提取方法主要有索氏提取法、加压流体萃取法、微波萃取法、超声萃取法等。其中加压流体萃取法适用范围广，对绝大多数半挥发性有机物有良好的提取效果，提取速度快，使用的提取试剂量少，能实现自动和批量提取，在现行分析中被最广泛使用。

国外土壤中半挥发性有机物的测试方法主要为 "Semivolatile Organic Compounds by

Gas Chromatography/Mass Spectrometry"（EPA Method 8270E：2018），此标准提供了过百种半挥发性有机物的测试方法，适用于空气、水、土壤和沉积物、固体废弃物等样品基体。参考 EPA Method 8270E：2018 的标准，我国于 2017 年发布了《土壤和沉积物　半挥发性有机物的测定　气相色谱－质谱法》（HJ 834—2017）方法。该方法适用于土壤和沉积物中氯代烃类、邻苯二甲酸酯类、亚硝胺类、醚类、卤醚类、酮类、苯胺类、吡啶类、喹啉类、硝基芳香烃类、酚类（包括硝基酚类）、有机氯农药类、多环芳烃类等半挥发性有机物的筛查鉴定和定量分析，因该标准涵盖的被测半挥发性有机物的种类和数量最多且所有待测物能一次性同步获得测试结果，因此目前使用最为广泛。表 4-8-1 为 HJ 834—2017 与 EPA Method 8270E：2018 的比较。

表 4-8-1　土壤中半挥发性有机化合物标准方法对比

标准名称	《土壤和沉积物　半挥发性有机物的测定　气相色谱－质谱法》（HJ 834—2017）	"Semivolatile Organic Compounds by Gas Chromatography/Mass Spectrometry"（EPA Method 8270E：2018）
适用范围	土壤和沉积物	空气、水、土壤和沉积物、固体废弃物
分析仪器	气相色谱－质谱法	气相色谱－质谱法
定性方法	保留时间、质谱图、碎片离子质荷比及其丰度	保留时间、质谱图、碎片离子质荷比及其丰度
定量方法	内标法	内标法
内标物	1,4-二氯苯-d_4、萘-d_8、苊-d_{10}、菲-d_{10}、䓛-d_{12} 和苝-d_{12}	1,4-二氯苯-d_4、萘-d_8、苊-d_{10}、菲-d_{10}、䓛-d_{12} 和苝-d_{12}
替代物	苯酚-d_6、2-氟苯酚、2,4,6-三溴苯酚、硝基苯-d_5、2-氟联苯、4'4-三联苯-d_{14}	苯酚-d_6、2-氟苯酚、2,4,6-三溴苯酚、硝基苯-d_5、2-氟联苯、4'4-三联苯-d_{14}
提取方法	索氏提取、加压流体萃取	US EPA Method 3540（索氏提取），US EPA Method 3541（自动索氏提取），US EPA Method 3545（加压流体萃取），US EPA Method 3546（微波萃取），US EPA Method 3550（超声萃取）
浓缩设备	氮吹浓缩仪、旋转蒸发仪或相当设备	KD 浓缩仪或相当设备
净化方式	凝胶渗透色谱、层析柱净化	US EPA Method 3640（凝胶渗透色谱净化），US EPA Method 3620（弗洛里硅土净化），US EPA Method 3630（硅胶柱净化），US EPA Method 3660（脱硫），US EPA Method 3610（氧化铝净化）

作为一个筛查鉴定及定量分析的方法，HJ 834—2017 在大部分情况下是可以满足分析要求的，但对于特定类别的化合物，如果对检出结果存在疑问，则应在此筛选基础上选用专属的分析方法进一步确认，目前国内相关标准测试方法具体见表 4-8-2。

表 4-8-2　国内现行常用土壤中半挥发性有机化合物测试标准

半挥发性有机化合物类型	测试使用标准
多环芳烃类	《土壤和沉积物　多环芳烃的测定　气相色谱 - 质谱法》（HJ 805—2016）
	《土壤和沉积物　多环芳烃的测定　高效液相色谱法》（HJ 784—2016）
有机氯农药	《土壤和沉积物　有机氯农药的测定　气相色谱法》（HJ 921—2017）
	《土壤和沉积物　有机氯农药的测定　气相色谱 - 质谱法》（HJ 835—2017）
	《土壤中六六六和滴滴涕测定的气相色谱法》（GB/T 14550—2003）
有机磷和拟除虫菊酯类	《土壤和沉积物　有机磷类和拟除虫菊酯类等 47 种农药的测定　气相色谱 - 质谱法》（HJ 1023—2019）
氨基甲酸酯类农药	《土壤和沉积物　氨基甲酸酯类农药的测定　柱后衍生 - 高效液相色谱法》（HJ 960—2018）
	《土壤和沉积物　氨基甲酸酯类农药的测定　高效液相色谱 - 三重四极杆质谱法》（HJ 961—2018）
苯氧羧酸类农药	《土壤和沉积物　苯氧羧酸类农药的测定　高效液相色谱法》（HJ 1022—2019）
酚类	《土壤和沉积物　酚类化合物的测定　气相色谱法》（HJ 703—2014）
石油烃	《土壤和沉积物　石油烃（C_{10}—C_{40}）的测定　气相色谱法》（HJ 1021—2019）
多溴二苯醚	《土壤和沉积物　多溴二苯醚的测定　气相色谱 - 质谱法》（HJ 952—2018）
多氯联苯	《土壤和沉积物　多氯联苯的测定　气相色谱法》（HJ 922—2017）
	《土壤和沉积物　多氯联苯的测定　气相色谱 - 质谱法》（HJ 743—2015）
二噁英类	《土壤、沉积物　二噁英类的测定　同位素稀释/高分辨气相色谱 - 低分辨质谱法》（HJ 650—2013）
三嗪类农药	《土壤和沉积物　11 种三嗪类农药的测定　高效液相色谱法》（HJ 1052—2019）
酰胺类农药	《土壤和沉积物　8 种酰胺类农药的测定　气相色谱 - 质谱法》（HJ 1053—2019）

　　多环芳烃是土壤中广泛存在的特征污染物，在半挥发性有机物的测试中最被关注。我国现行推出 3 种土壤中多环芳烃的测试方法，方法对比如表 4 - 8 - 3 所示。其中 HJ 834—2017 和 HJ 805—2016 的测试方法程序和效果大致相同，而液相方法 HJ 784—2016 的方法检出限较上述两种方法低 2 ~ 3 个数量级，适用于痕量分析。

表 4 - 8 - 3　土壤中多环芳烃类化合物标准方法对比

标准名称	《土壤和沉积物　半挥发性有机物的测定　气相色谱 - 质谱法》（HJ 834—2017）	《土壤和沉积物　多环芳烃的测定　气相色谱 - 质谱法》（HJ 805—2016）	《土壤和沉积物　多环芳烃的测定　高效液相色谱法》（HJ 784—2016）
适用范围	土壤和沉积物	土壤和沉积物	土壤和沉积物
分析仪器	气相色谱 - 质谱法	气相色谱 - 质谱法	液相色谱法配备 VWD 和 FLD 检测器
定性方法	保留时间、质谱图、碎片离子质荷比及其丰度	保留时间、质谱图、碎片离子质荷比及其丰度	保留时间
定量方法	内标法	内标法	外标法
内标物	1,4 - 二氯苯 - d_4、萘 - d_8、苊 - d_{10}、菲 - d_{10}、䓛 - d_{12} 和苝 - d_{12}	萘 - d_8、苊 - d_{10}、菲 - d_{10}、䓛 - d_{12} 和苝 - d_{12}	—
替代物	苯酚 - d_6、2 - 氟苯酚、2,4,6 - 三溴苯酚、硝基苯 - d_5、2 - 氟联苯、4′4 - 三联苯 - d_{14}	2 - 氟联苯和对三联苯 - d_{14}，亦可选用氘代多环芳烃做替代物	十氟联苯
检出限	0.08 ~ 0.2 mg/kg	0.08 ~ 0.17 mg/kg	VWD 检测器： 3 ~ 5 μg/kg FLD 检测器： 0.3 ~ 0.5 μg/kg
提取方式	索氏提取、加压流体萃取	索氏提取、加压流体萃取	索氏提取、加压流体萃取
浓缩设备	氮吹浓缩仪、旋转蒸发仪或相当设备	氮吹浓缩仪、旋转蒸发仪	氮吹浓缩仪、旋转蒸发仪或相当设备
净化方式	凝胶渗透色谱、层析柱净化	硅胶层析柱、硅酸镁净化小柱和凝胶渗透色谱	硅胶层析柱、固相萃取小柱（硅酸镁或硅胶做填料）

　　酚类的测试，我国现行推出两种方法，方法对比如表 4 - 8 - 4 所示。

73 ▶▶▶

表4－8－4　土壤中酚类化合物标准方法对比

标准名称	《土壤和沉积物　半挥发性有机物的测定　气相色谱－质谱法》（HJ 834—2017）	《土壤和沉积物　酚类化合物的测定　气相色谱法》（HJ 703—2014）
适用范围	土壤和沉积物	土壤和沉积物
分析仪器	气相色谱－质谱法	气相色谱法
定性方法	保留时间、质谱图、碎片离子质荷比及其丰度	保留时间
定量方法	内标法	外标法
内标物	$1,4$－二氯苯－d_4、萘－d_8、苊－d_{10}、菲－d_{10}、䓛－d_{12}和苝－d_{12}	—
替代物	苯酚－d_6、2－氟苯酚、$2,4,6$－三溴苯酚、硝基苯－d_5、2－氟联苯、$4'4$－三联苯－d_{14}	—
检出限	$0.06 \sim 0.2$ mg/kg	$0.02 \sim 0.08$ mg/kg
提取设备	索氏提取、加压流体萃取	索氏提取、加压流体萃取、超声波提取、微波提取
浓缩设备	氮吹浓缩仪、旋转蒸发仪或相当设备	旋转蒸发装置或KD浓缩仪、氮吹浓缩仪等性能相当的设备
净化方式	凝胶渗透色谱、层析柱净化	提取液转入分液漏斗中，加入2倍于提取液体积的水，用NaOH溶液调节使pH＞12，充分振荡、静置，弃去下层有机相，保留水相部分

（2）测试要点。

①制样。将采集的样品放在搪瓷盘或不锈钢盘上，混匀，除去枝棒、叶子、石子、玻璃、废金属等异物后进行四分粗分。土壤样品提取前须进行脱水。脱水方法有干燥剂干燥法和冷冻干燥法。干燥剂干燥法操作简便，土壤鲜样与干燥剂混合研磨均匀后可达脱水效果，常用的干燥剂有硅藻土和无水硫酸钠，当使用加压流体萃取法提取时，只可选用硅藻土做干燥剂，因为使用无水硫酸钠易造成加压流体萃取池和管路堵塞。对于含水量高的样品（含水量＞60％），加入大量干燥剂也较难将所有水分脱去，且干燥剂用量较大时萃取池及索氏提取的装置的容积难以负荷，此时应选用冷冻干燥脱水较为合适。

②提取。样品提取方式有索氏提取和加压流体萃取。索氏提取是最经典最高效的抽提方式，其适用范围广，对将近所有半挥发性有机物有良好的提取效果。但其提取时间长，效率低，难以批量生产。加压流体萃取提取速度快，使用提取的试剂量少，同时能实现自动和批量提取，现在最被广泛使用，但萃取池的空间小，对提取物的容量有一定限制。

③浓缩。目前浓缩技术主要有 KD 浓缩、氮气常压浓缩、负压旋转蒸发浓缩、负压平行震荡浓缩和负压结合氮吹浓缩等多种方式。上述前三种方式最被广泛使用，浓缩对于目标物众多的半挥发性有机物的样品制备是一个不容忽视的技术要点，浓缩方式和操作不当均会造成较易挥发的化合物的损失，而对于不易挥发化合物的损失较少。氮吹浓缩速度快，可大批量进行操作，但各样品提取液浓缩快慢程度不一，难以控制；对低沸点的待测物回收率低，若提取液溶剂沸点低，氮吹过程容易进水。负压旋转蒸发浓缩效果对各种类物质的回收率均良好，但浓缩时间较长，且不能批量进行浓缩。KD 浓缩法操作简便，效率高，浓缩效果对各种类物质的回收率均良好，能批量浓缩，生产成本低，但耗费人力。实验室需根据实际情况选择合适的浓缩方式。

④净化。推荐的净化方式有柱净化（手工）和 GPC 净化。当分析的目的是筛查全部半挥发性有机物时，应选用凝胶渗透色谱净化方法。当分析目的只关注半挥发性有机物中的某一类化合物时，可采用含有不同吸附剂的层析柱进行净化。EPA 3620 提及硅酸镁（净化）对大部分半挥发有机物较为适合，不足之处是酚类化合物被吸附。EPA 3630 硅胶净化可以通过衍生化对苯酚类净化。不同目标物推荐使用的净化方法见表 4-7-4。

⑤仪器校准。每次分析前，应进行质谱自动调谐，再将气相色谱和质谱仪设定至分析方法要求的仪器条件，并处于待机状态，通过气相色谱进样口直接注入 1.0 μL 十氟三苯基膦（DFTPP）溶液，得到十氟三苯基膦质谱图，其质量碎片的离子丰度应全部符合表 4-8-5 中的要求，否则须清洗质谱仪离子源。配制含有 4,4′-DDT、五氯苯酚和联苯胺浓度均为 50 μg/mL 的混合溶液，用此标准溶液来检查气相色谱仪注射入口的惰性。DDT 到 DDE 和 DDD 的降解率不应超过 15%。如果 DDT 衰减过多或出现较差的色谱峰，则需要清洗或更换进样口，同时还应截取毛细管柱前端约 5 cm。联苯胺和五氯苯酚等极性化合物在进样口易出现分解，峰形出现拖尾分裂等现象，也应进行同样的处理。

表 4-8-5　十氟三苯基膦（DFTPP）离子丰度规范要求

质荷比（m/z）	相对丰度规范	质荷比（m/z）	相对丰度规范
51	198 峰（基峰的 30%~60%）	199	198 峰的 5%~9%
68	小于 69 峰的 2%	275	基峰的 10%~30%
70	小于 69 峰的 2%	365	大于基峰的 1%
127	基峰的 40%~60%	441	存在且小于 443 峰
197	小于 198 峰的 1%	442	基峰或大于 198 峰的 40%
198	基峰，丰度 100%	443	442 峰的 17%~23%

⑥定性分析。通过样品中目标物与标准系列中目标物的保留时间、质谱图、碎片离子质荷比及其丰度等信息比较，对目标物进行定性分析。应多次分析标准溶液得到目标物的保留时间均值，以平均保留时间 ±3 倍的标准偏差为保留时间窗口，样品中目标物的保留时间应在其范围内。目标物标准质谱图中相对丰度高于 30% 的所有离子应在样品质谱图中存在，样品质谱图和标准质谱图中上述特征离子的相对丰度偏差应在 ±30% 之

内。一些特殊的离子如分子离子峰，即使其相对丰度低于 30%，也应该作为判别化合物的依据。

⑦定量分析。在对目标物定性判断的基础上，根据定量离子的峰面积，采用内标法进行定量。当样品中目标化合物的定量离子有干扰时，可使用辅助离子定量。分析时应对内标物进行检查，样品中内标物的保留时间和最近一次校准中内标物保留时间偏差应不大于 30 s，否则需要检查色谱系统或重新校准。如果任何一种内标峰面积邻近两次变化大于 50%，必须检查色谱系统并重新校准，期间所做样品需重新分析。

3. 质量控制要求及要点

（1）实验室空白。每批次样品（不超过 20 个）至少做一个实验室空白。以石英砂代替实际样品，按与试样的预处理相同步骤制备空白试样，按照与试样相同的分析步骤进行测定，空白中目标化合物浓度均应低于方法检出限，否则应查找原因，至实验室空白合格后方能继续进行样品分析。

（2）校准曲线检查。初始校准曲线中目标化合物相对响应因子的相对标准偏差应不大于 30%，或相关系数大于等于 0.990。每 24 小时分析一次校准曲线中间点浓度，其测定值和初始测定值的相对偏差应小于 30%。

（3）现场平行。每 20 个样品至少应分析 1 个平行样，浓度水平在定量下限以上的平行样测定结果的相对偏差应小于 40%。

（4）基体加标。每批样品至少做 1 个基体加标样，加标浓度为原样品浓度的 1~5 倍或曲线中间浓度点。

（5）替代物的回收率。实验室应建立替代物加标回收控制图，按同一批样品（20 至 30 个样品）进行统计，剔除离群值，计算替代物的平均回收率 p 及标准偏差 s，替代物的平均应控制在 $p \pm 3s$ 内。

（6）质控样。条件允许情况下，每批次样品（不超过 20 个）至少做一个标准浓度土壤质控样（CRM），测定结果需在质控样证书范围内。

4. 常见问题分析

（1）使用索氏提取法时，提取过程应检查温度是否达到溶剂沸点，并观察回流次数是否达到要求，如果回流次数过少则会影响提取效果。加热器控温应稳定，超过设定温度可能使溶剂蒸干，导致提取失败。

（2）使用加压流体萃取时，萃取过程不可使用自燃点在 40~200 ℃ 的萃取溶剂（如二硫化碳、乙醚和 1,4-二氧杂环己烷）。有机溶剂传感器错误一般由溶剂泄漏引起，此时，应仔细检查萃取池是否密封好，或密封垫是否失效。

（3）在半挥发性有机物中属于较易挥发的那部分化合物（如苯酚、萘、硝基苯）浓缩时易损失，特别是氮吹时应控制氮气流量，不要有明显涡流。采用其他浓缩方式时，应控制好加热的温度和真空度。

（4）当高含量样品和低含量样品相继被分析时，可能会发生交叉污染。为避免交叉污染，在两次进样之间需用试剂清洗进样针。当检测了非常规的高浓度样品时，必须分析试剂空白来检查系统是否存在交叉污染。

（5）GC - MS 系统易被高沸点物质污染，导致部分物质的测试被干扰，应排查仪器污染部位，气相（GC）系统此时应进行清洗进样口，更换衬管，更换分流平板，截掉部分进样口部分色谱柱等操作对仪器进行维护。质谱（MS）系统性能可通过重新调谐了解仪器状况，若出现电压异常增高、离子碎片数过多、标准物质定量离子丰度比异常、同位素比例异常等情况，应及时清洗离子源。

（6）五氯苯酚、2,4 - 二硝基苯酚、4 - 硝基苯酚、4,6 - 二硝基 - 2 - 甲酚、4 - 氯 - 3 - 甲酚、2 - 硝基苯胺、3 - 硝基苯胺以及 4 - 硝基苯胺的色谱特性不稳定，特别是 GC 系统被高沸点物质污染之后。测试此类物质前应验证仪器状态是否达标。

（7）随色谱柱使用时间日益增长，柱流失也会增大，柱流失会影响物质出峰和仪器灵敏度。当发现质谱图中出现较多色谱柱流出成分时，应及时老化柱子减小柱流失的影响。

（8）普通的弱极性色谱柱（如 DB - 5MS）较难分离苯并（b）荧蒽和苯并（k）荧蒽，可选用特定改性柱达到分离效果（如安捷伦推出的环境中多环芳烃专用分析柱 DB - EUPAH 系列柱）。

（9）分析邻苯二甲酸酯类物质时，应注意实验过程的背景空白污染，避免接触塑料制品，特别避免来自溶剂、试剂和器皿的污染（溶剂和试剂使用前需经验收，通过后才可使用。玻璃器皿需彻底清洗去除干扰）。其中邻苯二甲酸二正丁酯和邻苯二甲酸二（2 - 二乙基己基）酯的污染最常被引入。

（10）石油烃含量大的样品会干扰内标出峰和多环芳烃物质的测试（包括影响多环芳烃的定性和定量离子）。大多净化方式难以将石油烃与多环芳烃分离。此时建议通过稀释降低石油烃的影响达到正常测试效果。若仍未能消除干扰，可尝试使用 GC - MS/MS 的测试方式。

4.8.2　土壤中多氯联苯的测定

1. 背景介绍

多氯联苯（polychlorinated biphenyl，PCBs），是含氯数不同的联苯含氯化合物的统称，是一种无色或浅黄色的油状物质，有稳定的物理化学性质，属半挥发或不挥发物质。在多氯联苯中，部分苯环上的氢原子被氯原子取代，化学式为 $C_{12}H_nCl_{(10-n)}$（$0 \leqslant n \leqslant 9$）。依氯原子个数及位置不同，多氯联苯共有 209 种异构体存在，分别以 PCB1、PCB2…… PCB209 命名。

由于 PCBs 的一些特殊性质，如除高温下一般不可燃、低电导率以及化学稳定性和难生物降解，PCBs 非常适合用于一些电力设备、液压设备和导热系统中，当作绝缘油、阻燃剂、导热剂、液压油、增塑剂以及其他一些用途；PCBs 在使用过程中，可以通过废物排放、储油罐泄漏、挥发和干湿沉降等原因进入土壤造成污染。目前人们已经发现植物和水生生物可以吸收多氯联苯，并通过食物链传递和富集。多氯联苯进入人体后，有致毒、致癌的可能，可引起肝损伤和白细胞增多症，并通过母体传递给胎儿，使胎儿畸形，因此对人类健康危害极大。

209 种 PCBs 中指示性 PCBs 和共平面 PCBs 这两类 PCBs 一直被重点关注。指示性 PCBs 指联合国 GEMS/FOOD（全球环境监控体系/食品污染物监测和评估计划）中规定作为 PCBs 污染状况进行替代监测的指示性单体，包括 PCB28、PCB52、PCB101、PCB118、PCB138、PCB153、PCB180 共 7 种。共平面 PCBs 指毒性与二噁英接近的 PCB 单体，包括 PCB81、PCB77、PCB123、PCB118、PCB114、PCB105、PCB126、PCB167、PCB156、PCB157、PCB169、PCB189 共 12 种。

2．测试方法及要点

（1）方法简述。国外在土壤多氯联苯测定方面，美国有 EPA 80270、EPA 8080、EPA 8082 等方法；国际标准化组织有 ISO 10382—2002，见表 4 - 8 - 6。

表 4 - 8 - 6　国外多氯联苯测定的标准方法

标准名称	前处理方法	分析方法	检出限	相关说明
《气相色谱质谱法测定半挥发性有机物》（EPA 8270）	索氏提取、微波萃取、超声波萃取	GC - MS	—	7 种 Aroclor 系列多氯联苯商业混合物
《气相色谱法测定有机氯农药和多氯联苯》（EPA 8080）	索氏提取、超声波萃取	GC - ECD/HECD	—	7 种 Aroclor 系列多氯联苯商业混合物，HECD 指电解电导检测器
《气相色谱法测定多氯联苯》（EPA 8082）	索氏提取、微波萃取、超声波萃取、加压溶剂提取、超临界流体萃取	GC - ECD	—	7 种 Aroclor 系列多氯联苯商业混合物及 19 种 PCB 单体
《土壤中多氯联苯单体和有机氯农药的测定》（ISO 10382—2002）	手工或机械摇振法、索氏提取、微波萃取、超声波萃取、压力溶剂萃取	GC - ECD	—	

国外的土壤多氯联苯单体测定方法，在提取技术上，允许灵活采用多种现有的提取方法，包括传统的手工和机械振摇法、索氏提取法，也包括越来越多的耗时少、溶剂耗量小、提取效率高的新技术，如近年来发展并完善起来的超声波萃取、微波萃取、快速溶剂萃取等方法；净化方面较少使用安全性较差的酸洗净化法，而多采用针对不同基质特点的层析柱或固相小柱等方法净化；分析方法上一般采用灵敏度更高、选择性更好的气相色谱/质谱联用仪和气相色谱（GC - ECD）分析相辅助的方法。

我国生态环境部现行的标准方法有两种，两种方法对比如表 4 - 8 - 7 所示。

表 4 - 8 - 7　土壤中多氯联苯测试标准方法对比

项目	标准名称		相关说明
	《土壤和沉积物　多氯联苯的测定　气相色谱 - 质谱法》（HJ 743—2015）	《土壤和沉积物　多氯联苯的测定　气相色谱法》（HJ 922—2017）	
适用范围	土壤和沉积物中 7 种指示性多氯联苯和 12 种共平面多氯联苯		
分析仪器	气相色谱 - 质谱法	气相色谱 - 电子捕获检测器法	
定性方法	保留时间（相对偏差 ±3% 以内）、辅助定性离子和目标离子峰面积比与标准样品比较（相对偏差 ±30% 以内）	保留时间（$t \pm 3s$ 内）、双柱法（两根不同极性的柱子均有检出才视为检出）	
定量方法	内标法	外标法	
内标物	2,2′,4,4′,5,5′ - 六溴联苯或邻硝基溴苯	—	
替代物	2,2′,4,4′,5,5′ - 六溴联苯或四氯间二甲苯	—	
检出限	0.4 ~ 0.6 μg/kg	0.03 ~ 0.07 μg/kg	均按取样量 10 g 计，GC - MS 法需要选择 SIM 模式
提取设备	微波提取、索氏提取、探头式超声提取、加压流体萃取或相当设备	微波提取、索氏提取、加压流体萃取或相当设备	多氯联苯属持久性有机污染物，常用的提取固体样品中有机物的方法均能适用
浓缩设备	氮吹浓缩仪、旋转蒸发仪、KD 浓缩仪或相当设备	氮吹浓缩仪、旋转蒸发仪、KD 浓缩仪或相当设备	
净化方式	a. 浓硫酸净化→除去大部分有机化合物包括部分有机氯农药 b. 弗罗里硅土柱或硅胶柱→除去杀虫剂及多氯碳氢化合物 c. 石墨碳柱→除去色素干扰 d. 活化铜粉→脱硫	a. 浓硫酸净化→除去含氧有机化合物包括部分有机氯农药 b. 硅酸镁固相萃取柱→除去杀虫剂及多氯碳氢化合物	

注：t 指标准系列溶液目标物在 72 h 内的保留时间均值，s 指 72 h 内目标物保留时间的相对偏差。

（2）测试要点。

①净化。弗罗里硅土是多孔的硅酸镁颗粒，其极性强于硅胶。弗罗里净化柱是最常

用的分析杀虫剂及多氯联苯的净化手段，可以有效地去除干扰杀虫剂及多氯碳氢化合物分析的极性有机化合物。以正己烷－丙酮混合溶液（体积比9∶1）作为洗脱溶剂，多氯联苯目标化合物回收率较好，替代物及所有多氯联苯目标化合物在洗脱液体积为 8～10 mL 时已达到完全回收，使用 10 mL 混合溶剂淋洗的回收率在87.3%～110%。

硅胶净化柱是由硅酸钠与硫酸反应，经一定工艺支撑的多孔的粒状聚合物的极性固定相。硅胶对有机物的吸附能力随其极性的增加而加强。净化杀虫剂及多氯联苯通常使用含3.3%水分的硅胶。以正己烷作为洗脱溶剂，替代物及所有多氯联苯目标化合物在洗脱液体积为 8～10 mL时已达到完全回收，使用 10 mL 混合溶剂淋洗的回收率在82.6%～109%。

非多孔石墨化碳黑净化柱，对平面结构分子具有很强的吸附性，对色素类干扰物质有较好的净化效果。分别使用正己烷－丙酮混合溶液（9∶1）和甲苯溶剂进行洗脱，当洗脱液体积为 12 mL 时，替代物及所有多氯联苯单体目标化合物已达到完全回收，回收率在93.5%～112%。

硫干扰的净化：沉积物样品中常含有大量的以多原子聚合状存在的元素硫，在萃取和净化过程中常因为和多氯联苯有相似的行为而对分析产生强烈干扰。采用铜粉脱硫，应进行有效的活化，保证脱硫的效率。活化后的铜粉应具有鲜亮的色泽。在活化铜粉后应尽量避免与空气接触，否则会很快降低铜粉的活性。

②定性。GC－MS 方法是根据保留时间（相对偏差±3%以内）、辅助定性离子和目标离子峰面积比与标准样品比较（相对偏差±30%以内）来定性，在定性准确性上较 GC－ECD 好，可以作为 GC－ECD 阳性结果的补充。GC－ECD 方法是根据保留时间（保留时间需在 $t\pm3s$ 内）及双柱法定性，双柱法是指目标物在分析色谱柱上有检出时需同时在另一根极性不同的色谱柱上同时检出才视为检出。图 4－8－1 和图 4－8－2 是 18 种 PCBs 在两根不同极性色谱柱上的色谱图，可以看出虽然选择两根极性不同的色谱柱，但 18 种 PCBs 的出峰顺序是完全一致的。

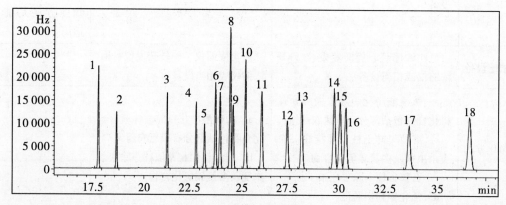

1—PCB28；2—PCB52；3—PCB101；4—PCB81；5—PCB77；6—PCB123；7—PCB118；8—PCB114；9—PCB153；10—PCB105；11—PCB138；12—PCB126；13—PCB167；14—PCB156；15—PCB157；16—PCB180；17—PCB169；18—PCB189。

图 4－8－1　18 种 PCBs 参考色谱图（$\rho=100$ ug/L，HP－5柱）

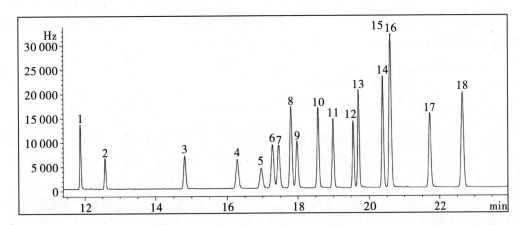

1—PCB28；2—PCB52；3—PCB101；4—PCB81；5—PCB77；6—PCB123；7—PCB118；8—PCB114；9—PCB153；10—PCB105；11—PCB138；12—PCB126；13—PCB167；14—PCB156；15—PCB157；16—PCB180；17—PCB169；18—PCB189。

图 4 - 8 - 2　18 种 PCBs 参考色谱图（$\rho = 100$ ug/L，HP - 1701 柱）

需要注意的是 18 种 PCBs 较少单独检出，有检出时一般是几种同时检出，有不确定时建议用 GC - MS 法辅助定性。

3．质量控制要求及要点

（1）实验室空白。每批次样品（不超过 20 个）至少做一个实验室空白。

以石英砂代替实际样品，按与试样的预处理相同步骤制备空白试样，按照与试样相同的分析步骤进行测定，空白中目标化合物浓度均应低于方法检出限，否则应查找原因，至实验室空白合格后方能继续进行样品分析。

（2）实验室平行。每 20 个样品或每批次（不超过 20 个样品/批）分析一个平行样，单次平行样品测定结果相对偏差应在 20％ 以内（GC - MS 法允许在 30％ 以内）。

（3）空白加标。每 20 个样品或每批次（不超过 20 个样品/批）分析一个空白加标样品，回收率应在 65％ ~ 120％（GC - MS 法允许在 60％ ~ 130％），否则应查明原因，直至回收率满足质控要求后，才能继续进行样品分析。

（4）基体加标。每 20 个样品或每批次（不超过 20 个样品/批）分析一个加标样品，土壤样品加标回收率应在 60％ ~ 120％（GC - MS 法允许在 60％ ~ 130％）。加标量可视被测组分含量而定，含量高的可加入被测组分含量的 0.5 ~ 1.0 倍，含量低的可加 2 ~ 3 倍，但加标后被测组分的总量不得超出分析测试方法的测定上限。

（5）曲线校准验证点。每批样品应绘制校准曲线。内标法定量时，内标峰面积应不低于标准曲线内标峰面积的 ±50％，各目标化合物平均响应因子的相对标准偏差≤15％，否则应重新绘制校准曲线。

每 20 个样品或每批次（不超过 20 个样品/批）应分析一个曲线中间浓度点标准溶液，其测定结果与初始曲线在该点测定浓度的相对偏差≤20％，否则应查找原因，重新绘制校准曲线。

（6）替代物回收率。如需采取加入替代物指示全程样品回收率，可抽取同批次 25 ~ 30 个样品的替代物加标回收率，计算其平均加标回收率 p 及标准偏差 s，则替代物的回收率须控制在 $p \pm 3s$ 内。

4.8.3 土壤中醛、酮类化合物的测定

1. 背景介绍

醛、酮类化合物均为含羰基的有机物，在常温常压下，除甲醛为气体外，低级的饱和醛、酮均为液体，高级醛、酮为固体。到目前为止，还没有发现土壤中大量产生醛、酮类污染物的天然来源，土壤中的醛、酮类污染物主要是人类生产活动造成的。印染、制药、农药生产、化工等企业大量使用醛、酮类化合物，运输存储过程中泄漏的污染物和排放的废水是醛、酮类化合物重要的污染来源。此外，大气中甲醛、乙醛、丙酮、苯甲醛等污染物随干湿沉降进入土壤，也是土壤醛、酮类化合物重要的污染来源。

醛、酮类化合物大多具有刺激性和毒性，对人的眼睛、鼻子、皮肤、肺、呼吸道有强烈的刺激作用，且有"三致"作用。国际癌症机构已将甲醛列为一类致癌物，乙醛和丙烯醛已被联合国卫生组织认定为可疑致癌物。醛、酮类化合物对农业的危害较大，近 10 多年来在我国发生过几次较大的农业污染事故，主要原因是使用含醛类超标的污水灌溉农田或是施用化工行业中的废酸制成的磷肥。

2. 测试方法及要点

（1）方法简述。国外对醛、酮类化合物的测定方法主要是美国环保局 EPA 方法以及相关文献方法。美国 EPA 8315 方法中土壤醛、酮类化合物的测定原理均为 DNPH 衍生化处理，标准分析方法概述见表 4 - 8 - 8。

表 4 - 8 - 8　醛、酮类化合物的测定国外标准方法

标准编号	目标化合物	前处理	分析方法	检出限	适用范围
EPA 8315	甲醛、乙醛、丙酮、丙烯醛、苯甲醛、丁醛、丁烯醛、环己酮、癸醛、2,5 - 二甲基苯甲醛、庚醛、己醛、异戊醛、壬醛、辛醛、戊醛、丙醛、间甲基苯甲醛、邻甲基苯甲醛、对甲基苯甲醛	DNPH 衍生化处理，二氯甲烷进行液液萃取或固相萃取	液相色谱法	5.9 ~ 110.2 μg/L	水样、土壤和废弃物、烟道气、室内空气

DNPH 衍生法的原理为：提取液在一定温度和 pH 下与 2,4 - 二硝基苯肼（DNPH）发生衍生化反应，生成稳定有色的腙类化合物，经萃取浓缩后，用高效液相色谱仪分离、紫外检测器检测，保留时间定性，再用外标法定量。方法反应原理如图 4 - 8 - 3 所示。

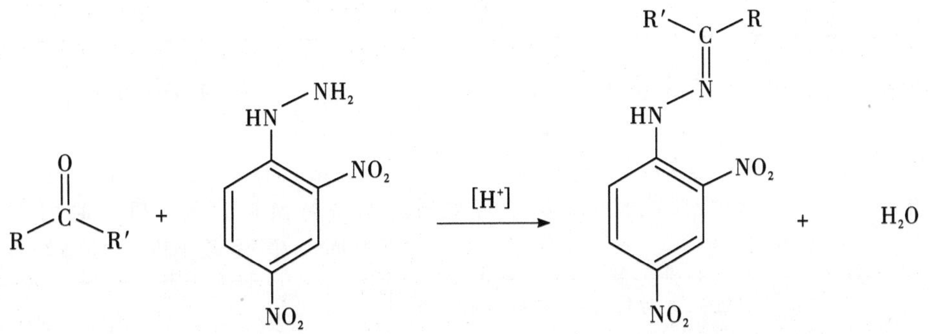

R—C(=O)—R′　碳基化合物（醛和酮）　＋　2,4-二硝基苯肼（DNPH）　→[H⁺]→　稳定有色的腙类化合物　＋　H₂O

| 碳基化合物
（醛和酮） | 2,4-二硝基苯肼
（DNPH） | | 稳定有色的
腙类化合物 |

图 4 - 8 - 3　方法原理反应图

除 DNPH 衍生液相色谱法外，目前用于测定土壤和沉积物中醛、酮类化合物的方法还有液相色谱 - 质谱法、吹扫捕集/气相色谱法、吹扫捕集/气相色谱 - 质谱法等。这些方法的缺点主要是醛、酮类化合物在气相色谱和气相色谱质谱上峰形不好，响应较差；测定醛、酮类化合物种类少，只能测定低碳数化合物，不能测定高碳数的醛酮。液相色谱 - 质谱法虽然在目标物定性方面较液相色谱法优异，但因其仪器价格昂贵，难以普及。DNPH 衍生液相色谱法前处理过程通过浸泡或振荡将醛、酮类化合物提取到水相中，并加入 DNPH 衍生剂进行衍生，经萃取、浓缩后，进行液相色谱分析。

环境土壤样品中被测物浓度一般较低，背景干扰大，使用高效液相色谱技术，不用高温加热，保证了被测物质的稳定性，同时大大减少了基体干扰对测定的影响，降低了分析方法检出限，提高了分析灵敏度和准确度。

我国生态环境部现行的标准方法为《土壤和沉积物　醛、酮类化合物的测定　高效液相色谱法》（HJ 997—2018），摘要如表 4 - 8 - 9 所示。

表 4 - 8 - 9　土壤中醛、酮类化合物测试方法摘要

项目	具体内容	相关说明
适用范围	土壤和沉积物中 15 种醛、酮类化合物	—
分析仪器	高效液相色谱法	—
定性方法	保留时间，必要时采用标准加入法、不同波长下的吸收比、紫外谱图扫描等辅助定性	—
定量方法	外标法	相关系数需 ≥0.999
检出限	0.02 ~ 0.06 mg/kg	按取样量 10 g 计，定容体积 10 mL 计
提取	取 10 g 样品于 200 mL 提取瓶中，加入 200 mL 醋酸 - 醋酸钠提取液，水平振荡器或翻转振荡器振荡提取不少于 18 h，过滤，待衍生	

续上表

项目	具体内容	相关说明
衍生	取 100 mL 提取液于平底烧瓶中，加入 4 mL pH = 3 的缓冲溶液及 6 mL 衍生剂，40 ℃ 振荡 1 h	可使用可控温超声清洗器或超声萃取仪代替恒温振荡器，超声时间不少于 30 min，超声温度不超过 (40 ± 2)℃
萃取及浓缩	固相萃取法：使用 C_{18} 柱，1 000 mg/6 mL 或更大容量规格，定容至 10 mL； 液液萃取法：用二氯甲烷萃取两次，更换溶剂为乙腈，定容至 10 mL	高浓度样品可适当增加一次萃取

（2）测试要点。

①提取过程。不同 pH 值提取溶剂对目标物质的回收率影响不明显，考虑不同土壤或沉积物的理化性质，本标准采用 pH 为 5 的醋酸 – 醋酸钠缓冲溶液作为提取剂。

超声萃取及微波萃取方式回收率均不理想，水平振荡和翻转振荡无明显差异，所以可以选取水平振荡或翻转振荡作为提取方法。

提取温度 15～30 ℃ 范围时回收率良好，当温度超过 40 ℃ 之后，温度越高，回收率越低，故提取温度为室温即可。

提取时间达到 18 h 后，回收率达到最高，之后趋于稳定，故提取时间设为 18 h，可以取得良好的提取效果。

②衍生过程。由于 2,4 – 二硝基苯肼（DNPH）与醛、酮类污染物的反应灵敏，并具有高度的选择性，因而被广泛地应用于醛、酮类化合物的测定中。

在碱性条件下醛、酮化合物易发生缩合反应，在酸性条件下 DNPH 与醛、酮发生衍生化反应生成稳定的腙，故 pH 值是衍生化反应的关键。甲醛在 pH 为 5 时效率最高，其余化合物在 pH 为 3 时效率最高；甲醛在 pH 为 3 时效率虽比 pH 为 5 时低，但仍在 80% 以上，故此选择所有 15 种醛、酮类化合物衍生 pH 值均为 3。

当衍生温度为 40 ℃ 时，回收率达到最高值；之后，随着温度升高回收率反而下降，可能是高温下醛酮化合物的挥发所致。故选取衍生温度为 40 ℃。

衍生时间越长回收率越高，当衍生时间达到 60 min 之后，回收变化已不明显，因此选择 60 min 为水浴衍生时间（30 min 为超声衍生时间）。

③萃取和浓缩过程。采用二氯甲烷做萃取溶剂，相同萃取条件下回收率在 90% 以上，其他溶剂如正己烷、环己烷和乙酸乙酯对大部分目标物的萃取效率只有 60%～70%，因此采用二氯甲烷作为萃取溶剂。

选用 C_{18} 做固相萃取，填料质量为 1 000 mg 的固相萃取柱，上样速度 5 mL/min，洗脱溶剂为乙腈，洗脱速度 3 mL/min，洗脱体积 10 mL，目标物的回收率均可达到 85% 以上。

3. 质量控制要求及要点

（1）实验室空白。每批次样品（不超过 20 个）至少做一个实验室空白。

以石英砂代替实际样品，按与试样的制备相同步骤制备空白试样，按照与试样相同的分析步骤进行测定，空白中目标化合物浓度均应低于方法检出限，否则应查找原因，至实验室空白合格后方能继续进行样品分析。

（2）实验室平行。每 20 个样品或每批次（不超过 20 个样品/批）分析一个平行样，单次平行样品测定结果相对偏差应在 45% 以内。

（3）基体加标。每 20 个样品或每批次（不超过 20 个样品/批）分析一个基体加标样，醛类化合物加标回收率应在 45% ~ 120%，丙酮加标回收率应在 40% ~ 100%。

（4）曲线校准验证点。每 20 个样品或每批次（不超过 20 个样品/批）应分析一个曲线中间点浓度点标准溶液，其测定结果与初始曲线在该点测定浓度的相对偏差 ≤20%，否则应查找原因，重新绘制校准曲线。

4. 常见问题分析

（1）清洗后的玻璃器皿，在使用前应于 130 ℃ 烘 2 ~ 3 h，不得使用丙酮、甲醇或乙醇清洗玻璃器皿，以免对测定造成干扰。

（2）当实验室空白有检出且比较稳定时，需要考虑对衍生剂 DNPH 提纯，详见 HJ 997—2018 标准附录 D。

（3）取样不均对平行测定的结果影响较大，故取样前应尽可能混匀。

4.8.4　土壤中石油烃（C_{10}—C_{40}）的测定

1. 背景介绍

石油是一种含有多种烃类（正构烷烃、直链烷烃、芳烃、脂肪烃等）及少量其他有机物（硫化物、氰化物、环烷酸类等）的复杂混合物，是一种具有黏性，可燃，密度比水小，难溶于水，可溶于乙醇、正己烷、氯仿等有机溶剂的液态或半固态的物质。

中国是石油生产大国，也是石油消费大国，在石油的生产、加工、运输和使用过程中由于跑、冒、滴、漏以及"三废"排放等，一些石油或石油产品直接进入环境造成污染，石油烃可在介质中迁移，因此可从泄漏源向土壤、地下水和空气中迁移，造成污染面积的扩大，影响污染源周边环境。目前我国石油类污染场地绝大多数来源于油田类、石油化工和加油站。

本节介绍土壤中的石油烃（C_{10}—C_{40}），指能被正己烷（或正己烷 - 丙酮）提取且不被硅酸镁吸附，在气相色谱图上保留时间介于正癸烷（包括）与正四十烷（包括）之间的有机化合物，不区分脂肪族和芳香族。

土壤中的石油烃浓度超标会破坏土壤生态系统，降低土壤肥力，从而造成植物生长减缓。进入土壤的石油烃污染物还会随着地表径流入地表水，通过渗透作用进入地下水，引起地表水、地下水的污染。石油烃中的许多物质具有挥发性和半挥发性，会由土壤或地表水进入空气中，通过呼吸、皮肤接触、饮食摄入等方式进入人或动物体内，影响健康。

2. 测试方法及要点

（1）方法简述。土壤中石油烃（C_{10}—C_{40}）的测试可采用气相色谱 - 氢火焰离子检测器法（GC – FID）和红外分光光度法（IR），提取方法主要有索氏提取、机械振荡萃取、超声萃取、加压流体萃取等。目前，国际上石油烃的分析标准主要有美国环保局 EPA 方法系列、MaDEP（马萨诸塞州环保局）及国际标准化组织标准 ISO 16703—2011。

①美国环保局 EPA 方法系列"Nonhalogenated Volatile Organics by Gas Chromatography"（Method 8015D）利用预处理技术分析石油类碳氢化合物（C_6—C_{10}）和柴油段的化合物（C_{10}—C_{28}）。

②MaDEP "Method for the Determination of Extractable Petroleum Hydrocarocarbons（EPH）"（MADEP EPH 04）适用于水质、土壤、沉积物等环境介质中可萃取性脂肪族和芳香族的石油烃。可萃取性脂肪烃的范围为 C_9—C_{18}、C_{19}—C_{36}，可萃取性芳香烃的范围为C_{11}—C_{22}。

③国际标准化组织标准"Soil Quality – Determination of Content of Hydrocarbon in the Range C_{10} to C_{40} by Gas Chromatography"（ISO 16703—2011）给出了用气相色谱法定量测定场地湿润土壤中石油烃的方法，适用于沸点在 175 ~ 525 ℃ 之间，分子式 $C_{10}H_{22}$—$C_{40}H_{82}$ 的正构烷烃、异构烷烃、环烷烃、烷基萘和多环芳烃等烃类化合物，检出限为 100 mg/kg。

各个方法对比如表 4 – 8 – 10 所示。

表 4 – 8 – 10　国外土壤中石油烃测试标准方法对比

项目	标准名称		
	"Nonhalogenated Volatile Organics by Gas Chromatography"（USEPA Method 8015D）	"Method for the Determination of Extractable Petroleum Hydrocarocarbons（EPH）"（MaDEP EPH—04）	"Soil Quality – Determination of Content of Hydrocarbon in the Range C_{10} to C_{40} by Gas Chromatography"（ISO 16703—2011）
适用范围	石油类碳氢化合物（C_6—C_{10}）和柴油段的化合物（C_{10}—C_{28}）	沸点范围在 150 ~ 265 ℃ 的脂肪烃（C_9—C_{18}、C_{19}—C_{36}）和芳香烃（C_{11}—C_{22}）	潮湿土壤中，能被丙酮 – 正庚烷（体积比 2∶1）萃取，不被弗罗里硅土柱吸附，沸点范围在 175 ~ 525 ℃ 的 C_{10}—C_{22} 到 C_{40}—C_{82}正构烷烃的碳氢化合物
分析仪器	气相色谱 – 氢火焰离子化检测器法（GC – FID）		
定性方法	C_6—C_9：保留时间介于 2 – 甲基戊烷到 1,2,4 – 三甲基苯　C_{10}—C_{28}：保留时间介于 C_{10} 和 C_{28} 正构烷烃之间	保留时间	在气相色谱图上保留时间介于正癸烷（不包括）与正四十烷（不包括）之间
定量方法	外标法		
取样量	10 g	20 g	20 g
检出限	—	10 mg/kg	100 mg/kg

续上表

项目	标准名称		
	"Nonhalogenated Volatile Organics by Gas Chromatography" (USEPA Method 8015D)	"Method for the Determination of Extractable Petroleum Hydrocarocarbons（EPH）" (MaDEP EPH—04)	"Soil Quality – Determination of Content of Hydrocarbon in the Range C_{10} to C_{40} by Gas Chromatography" (ISO 16703—2011)
提取设备	索氏提取或相当设备	索氏提取或相当设备	微波提取、索氏提取、探头式超声提取、加压流体萃取或相当设备
萃取液	正己烷	二氯甲烷	丙酮 – 正庚烷（体积比 2∶1）
浓缩设备	氮吹浓缩仪、旋转蒸发仪、KD 浓缩仪或相当设备		
净化	弗罗里硅土柱或硅胶柱		

　　国内现行的标准方法是由生态环境部发布的 2019 年 9 月 1 日开始实施的《土壤和沉积物　石油烃（C_{10}—C_{40}）的测定　气相色谱法》（HJ 1021—2019），填补了之前国内在这一方面的空白。土壤和沉积物中的石油烃（C_{10}—C_{40}）经提取、净化、浓缩、定容后，用带氢火焰离子化检测器（FID）的气相色谱仪检测，根据保留时间窗定性，再用外标法定量。有关方法摘要如表 4 – 8 – 11 所示。

表 4 – 8 – 11　土壤石油烃（C_{10}—C_{40}）测定方法摘要

标准名称	《土壤和沉积物　石油烃（C_{10}—C_{40}）的测定　气相色谱法》（HJ 1021—2019）
适用范围	能被正己烷（或正己烷 – 丙酮）提取且不被硅酸镁吸附，在气相色谱图上保留时间介于正癸烷（包括）与正四十烷（包括）之间的有机化合物
分析仪器	气相色谱 – 氢火焰离子化检测器法（GC – FID）
定性方法	在气相色谱图上保留时间介于正癸烷（包括）与正四十烷（包括）之间
定量方法	外标法
取样量	10 g
检出限	6 mg/kg
提取设备	索氏提取、加压流体萃取或相当设备
萃取液	正己烷［或正己烷 – 丙酮（体积比 1∶1）］
浓缩设备	氮吹浓缩仪、旋转蒸发仪、KD 浓缩仪或相当设备
净化	硅酸镁固相萃取柱（或填充柱）

　　（2）测试要点。

　　①净化。依次用 10 mL 正己烷 – 二氯甲烷混合溶液（体积比 1∶1）、10 mL 正己烷

活化硅酸镁净化柱。待柱上正己烷近干时，将萃取后的浓缩液全部转移至净化柱中，用
2 mL 正己烷洗涤浓缩液收集装置，转移至净化柱中，再用 12 mL 正己烷淋洗净化柱，收
集淋洗液，与流出液合并，浓缩至 1 mL ，上 GC – FID 气相色谱分析。

当有机污染物含量高时，可以适当增大浓缩定容体积。当样品中杂质含量大时，净
化可明显降低响应值；当样品石油烃含量大时，净化前后响应值相差不大。当经净化的
试样进样后基线明显上升且没有下降时，净化小柱可能已经穿透，需要重复净化操作。

②定性分析。根据石油烃（C_{10}—C_{40}）保留时间对目标化合物进行定性，保留时间
以正癸烷出峰开始为起点，以正四十烷出峰结束为终点［此为石油烃（C_{10}—C_{40}）的保
留时间窗］，连接一条水平基线进行积分，在 HJ 1021—2019 标准规定的色谱条件下，正
癸烷和正四十烷的参考色谱图见图 4 – 8 – 4，石油烃（C_{10}—C_{40}）参考色谱图见图
4 – 8 – 5，10#柴油、煤油、轻柴油、润滑油参考色谱图见图 4 – 8 – 6 至图4 – 8 – 9。

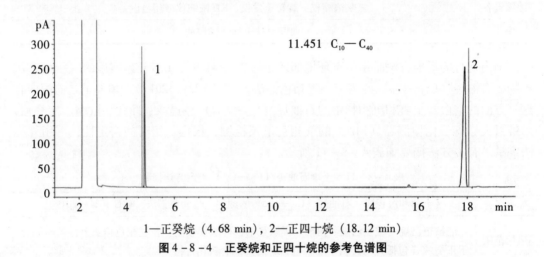

1—正癸烷（4. 68 min），2—正四十烷（18. 12 min）

图 4 – 8 – 4　正癸烷和正四十烷的参考色谱图

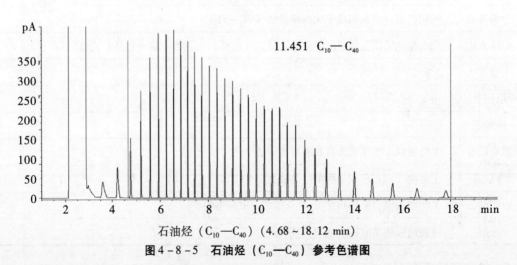

石油烃（C_{10}—C_{40}）（4. 68 ~ 18. 12 min）

图 4 – 8 – 5　石油烃（C_{10}—C_{40}）参考色谱图

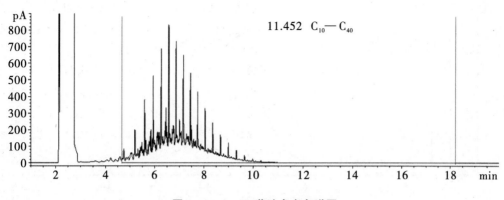

图 4 - 8 - 6 10#柴油参考色谱图

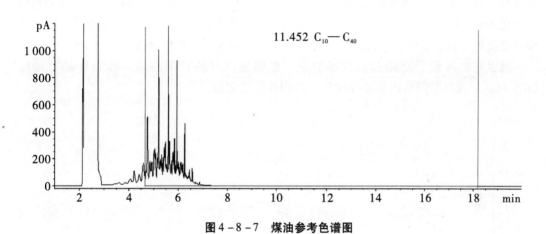

图 4 - 8 - 7 煤油参考色谱图

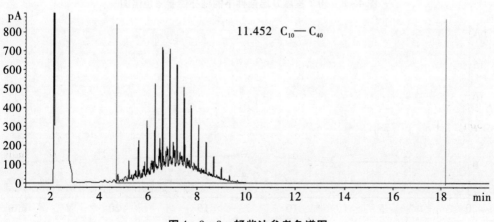

图 4 - 8 - 8 轻柴油参考色谱图

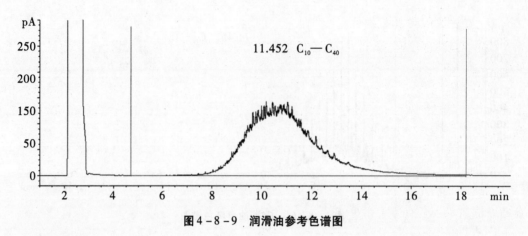

图4-8-9 润滑油参考色谱图

③定量分析。由于分析石油烃（C_{10}—C_{40}）的气相色谱条件会引起显著的柱流失，使基线上升（见图4-8-10），因此石油烃（C_{10}—C_{40}）的总峰面积应扣除柱流失的峰面积（见图4-8-11）。如扣除柱补偿后基线仍然维持在较高的水平，则应查明原因，必要时更换进样口、老化色谱柱以及烘烤检测器，重新进行柱补偿分析。

确定好柱补偿后开始分析校准曲线，根据建立好的校准曲线，确定样品石油烃（C_{10}—C_{40}）保留时间窗内的总峰面积，再用外标法定量。

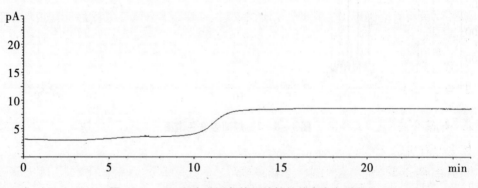

图4-8-10 程序升温条件下的柱补偿参考色谱图

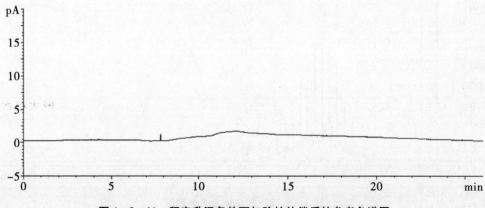

图4-8-11 程序升温条件下扣除柱补偿后的参考色谱图

3. 质量控制要求及要点

（1）实验室空白。每 20 个样品或每批次（不超过 20 个样品/批）至少分析一个实验室空白。

以石英砂代替实际样品，按与试样的预处理相同步骤制备空白试样，按照与试样相同的分析步骤进行测定，空白中目标化合物浓度均应低于方法检出限，否则应查找原因，至实验室空白合格后方能继续进行样品分析。

（2）校准。校准曲线的相关系数应≥0.999。每分析 20 个样品或每批次（不超过 20 个样品/批）进行一次校准，校准点测定值的相对误差应在 ±10%。

当校准时石油烃（C_{10}—C_{40}）的保留时间窗与建立校准曲线时石油烃（C_{10}—C_{40}）的保留时间窗不一致时，需要重新确定保留时间窗。

（3）实验室平行。每 20 个样品或每批次（不超过 20 个样品/批）至少分析一个平行样，平行样测定结果的相对偏差应≤25%。

（4）空白加标。每 20 个样品或每批次（不超过 20 个样品/批）至少分析一个空白加标样，空白加标样中石油烃（C_{10}—C_{40}）的加标回收率应在 70% ~ 120%。

（5）样品加标。每 20 个样品或每批次（不超过 20 个样品/批）至少分析一个加标样，加标样中石油烃（C_{10}—C_{40}）的加标回收率应在 50% ~ 140%。

4. 常见问题分析

实验室空白有检出目标化合物：在排除污染的前提下，由于未做柱补偿或在仪器状态未平衡好的情况下进行柱补偿，均可造成基线偏移，从而使得空白样品有检出目标化合物。

4.9　土壤挥发性有机物分析

1. 背景介绍

挥发性有机物（volatile organic compounds，VOCs），各个国家及专业领域中的定义不同。欧盟溶剂排放指令（EC Directive 1999/13/EC）的定义中，挥发性有机物是在293.15 K（即常温 20 ℃）情况下，蒸气压至少大于 10 pa 或者在特定使用条件下具有一定的挥发性的有机化合物，其沸点一般在 15 ~ 220 ℃；欧洲议会和欧盟理事会发布的《2004/42/EC 对于某些油漆、清漆及汽车修补漆产品中挥发性有机物的释放限值及对1999/13/EC 指令的修订》中，挥发性有机物被认为是在 101.325 kPa 大气压下，沸点不高于250 ℃ 的有机化合物；澳大利亚溶剂要求（1995 Solvents Ordinance）中认为挥发性有机物应是沸点低于 200 ℃ 的有机化合物；世界卫生组织定义挥发性有机物为沸点在50 ~250 ℃ 的化合物，室温下饱和蒸气压超过 133.32 Pa，在常温下以蒸气形式存在于空气中的一类有机物；在我国，挥发性有机物是指沸点在 50 ~260 ℃ 之间，在 20 ℃ 和1 个大气压下饱和蒸气压超过 133.322 Pa 的有机化合物。

VOCs 通常分为非甲烷碳氢化合物（NMHCs）、含氧有机化合物、卤代烃、含氮有机化合物、含硫有机化合物等几大类。按其化学结构的不同，可以进一步分为烷类、芳烃类、烯类、卤烃类、酯类、醛类、酮类和其他。VOCs 的主要成分有烃类、卤代烃、氧烃和氮烃，它包括苯系物、有机氯化物、氟利昂系列、有机酮、胺、醇、醚、酯、酸和石油烃化合物等。

VOCs 是导致城市灰霾和光化学烟雾的重要前体物，主要来源于煤化工、石油化工、燃料涂料制造、溶剂制造与使用等过程。

VOCs 参与大气环境中臭氧和二次气溶胶的形成，其对区域性大气臭氧污染、PM2.5 污染具有重要的影响。大多数 VOCs 具有令人不适的特殊气味，并具有毒性、刺激性、致畸性和致癌作用，特别是苯、甲苯及甲醛等对人体健康会造成很大的伤害。当居室中 VOCs 超过一定浓度时，在短时间内人们会感到头痛、恶心、呕吐、四肢乏力，严重时会抽搐、昏迷、记忆力减退，甚至会伤害人的肝脏、肾脏、大脑和神经系统。

2. 测试方法及要点

（1）方法简述。土壤中挥发性有机物的测试可采用顶空进样技术、吹扫捕集技术、顶空固相微萃取技术、共沸蒸馏法以及零顶空技术。

顶空进样器是气相色谱法中一种方便快捷的样品前处理方法，其原理是将待测样品置入一密闭的容器中，通过加热升温使挥发性组分从样品基体中挥发出来，在气液（或气固）两相中达到平衡，直接抽取顶部气体进行色谱分析，从而检验样品中挥发性组分的成分和含量。

吹扫捕集法从理论上讲是动态顶空技术，是用惰性流动气体将样品中的挥发性成分"吹扫"出来，再用一个捕集器将吹扫出来的有机物吸附，随后经热解吸将样品送入气相色谱仪进行分析。

顶空固相微萃取技术是顶空技术的一种应用，其在顶空的基础上采用涂有固定相的熔融石英纤维来吸附、富集样品中的待测物质。将纤维头浸入样品溶液或顶空气体中一段时间，同时搅拌溶液以加快两相间达到平衡的速度，待平衡后将纤维头取出插入气相色谱汽化室，热解吸涂层上吸附的物质。被萃取物在汽化室内解吸后，靠流动相将其导入色谱柱，完成提取、分离、浓缩的全过程。

共沸蒸馏，又称恒沸蒸馏，是在被分离的混合液中加入一种经过选择的第三组分，使其与原混合物中的一个或多个组分形成新的共沸物，而且其沸点比原来任一组分的沸点都要低。这样，蒸馏时新的共沸物从塔顶被蒸出，而塔底产品则为一个纯组分，从而达到了将原混合物分离的目的。

零顶空技术，用于样品中挥发性物质浸出的专用装置，高密闭的空间能使实验更准确、无偏差。通过不断施加相同的压力，得到样品的初始液相与试剂反应，通过不断减压原理，将气体排出，目的是把固废或危废的样品通过零顶空装置后抽滤出浸出液，再对浸出液进行萃取得到萃取液。在顶空进样器设定条件后可以直接进样到色谱仪中测定。

美国 EPA 方法中对于挥发性有机物测定的方法有很多，其中 USEPA Method 5000 系列方法主要是前处理方法，包括顶空法、吹扫捕集法、共沸蒸馏法、真空蒸馏法、密闭系统吹扫捕集法等，方法详细内容如表 4-9-1 所示。挥发性有机物的分析方法主要见 USEPA Method 8000 系列方法，主要为气相色谱法和气质联用法，方法详细内容如表 4-9-2 所示。

表4-9-1 挥发性有机物前处理方法

标准名称	测试范围	前处理方法
"Volatile Organic Compounds in Various Sample Matrices Using Equilibrium Headspace Analysis"（USEPA Method 5021A）	水、固体中的挥发性有机物	顶空法
"Purge-and-Trap for Aqueous Samples"（USEPA Method 5030B）	水中挥发性有机物	吹扫捕集法
"Volatile, Nonpurgeable, Water-Soluble Compounds by Azeotropic Distillation"（USEPA Method 5031）	水中水溶的、不可吹扫的挥发性有机物	共沸蒸馏法
"Volatile Organic Compounds by Vacuum distillation"（USEPA Method 5032）	水、固体中挥发性有机物	真空蒸馏法
"Closed-System Purge-and-Trap and Extraction for Volatile Organics in Soil and Waste Samples"（USEPA Method 5035）	固体有机溶剂、含油废物中挥发性有机物	密闭系统吹扫捕集法
"Analysis for Desorption of Sorbent Cartridges from Volatile Organic Sampling Train（VOST）"（USEPA Method 5041A）	采集空气样品后的采样管中挥发性有机物	吹扫捕集法

表4-9-2 挥发性有机物的分析方法

标准名称	测试范围	分析方法
"Nonhalogenated Organics by Gas Chromatography"（USEPA Method 8015C）	水、非卤代挥发性有机物	气相色谱-FID法
"Aromatic and Halogenated Volatiles by Gas Chromatography Using Photoionization and/or Electrolytic Conductivity Detectors"（USEPA Method 8021B）	水、土壤及沉积物中挥发性有机物	填充柱/气相色谱法/光离子检测器法
"Volatile Organic Compounds by Gas Chromatography/Mass Spectrometry（GC/MS）"（USEPA Method 8260D）	固体有机溶剂、含油废物中挥发性有机物	气质联用法

国内目前也有多个分析土壤和沉积物中挥发性有机物的方法,具体信息见表 4 - 9 - 3。

表4 - 9 - 3　国内土壤和沉积物中挥发性有机物的标准分析方法

标准名称	检出限
《土壤和沉积物　丙烯醛、丙烯腈、乙腈的测定　顶空 - 气相色谱法》(HJ 679—2013)	0.3 ~ 0.4 mg/kg
《土壤和沉积物　挥发性有机物的测定　顶空/气相色谱 - 质谱法》(HJ 642—2013)	0.8 ~ 4 μg/kg
《土壤和沉积物　挥发性有机物的测定　吹扫捕集/气相色谱 - 质谱法》(HJ 605—2011)	0.2 ~ 3.2 μg/kg
《土壤和沉积物　挥发性卤代烃的测定　吹扫捕集/气相色谱 - 质谱法》(HJ 735—2015)	0.3 ~ 0.4 μg/kg
《土壤和沉积物　挥发性卤代烃的测定　顶空/气相色谱 - 质谱法》(HJ 736—2015)	2 ~ 3 μg/kg
《土壤和沉积物　挥发性有机物的测定　顶空/气相色谱法》(HJ 741—2015)	0.005 ~ 0.03 mg/kg
《土壤和沉积物　挥发性芳香烃的测定　顶空/气相色谱法》(HJ 742—2015)	3.0 ~ 4.7 μg/kg

以目前使用最多的标准《土壤和沉积物　挥发性有机物的测定　吹扫捕集/气相色谱 - 质谱法》(HJ 605—2011)为例,该方法采用内标法,以氟苯、氯苯 - d_5 和 1,4 - 二氯苯 - d_4 作为内标,二溴氟甲烷、甲苯 - d_8 和 4 - 溴氟苯作为替代物,使用吹扫捕集/气相色谱 - 质谱法对 65 种 VOCs 进行测定。取样量为 5 g 时目标物的检出限为 0.2 ~ 3.2 μg/kg。

(2)测试要点。

①实验室分析。挥发性有机物的测定要确保整个流程中无有机物干扰。挥发性有机物检测使用的器具、材料、试剂等需进行空白验收,空白结果应小于方法检出限。

实验室布局方面,挥发性有机物所使用的通风橱、仪器等要与其他设备隔开,特别需要避免实验室中的溶剂污染,VOCs 的实验人员应该固定并需避免接触除标液溶剂以外的其他有机试剂。吹扫捕集或顶空所用的水要经过验收,必要时可通入氮气,以去除水相中的挥发性有机物。仪器测试环境需要通风系统,以排除仪器废气的干扰。

②定性分析。GC - MS 方法根据保留时间(相对偏差 ±3% 以内)、辅助定性离子和目标离子峰面积比与标准样品比较(相对偏差 ±30% 以内)定性。图 4 - 9 - 1 所示是按 HJ 605—2011 方法所测定的 70 种 VOCs 在 DB - 624 色谱柱上的 TIC 色谱图。

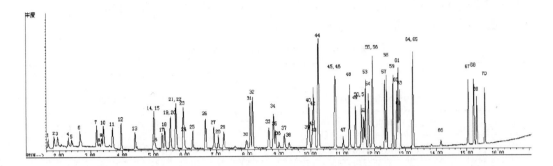

1—二氯二氟甲烷；2—氯甲烷；3—氯乙烯；4—溴甲烷；5—氯乙烷；6—三氯氟甲烷；7—1,1 - 二氯乙烯；8—丙酮；9—碘甲烷；10—二硫化碳；11—二氯甲烷；12—反式 - 1,2 - 二氯乙烯；13—1,1 - 二氯乙烷；14—2,2 - 二氯丙烷；15—顺式 - 1,2 - 二氯乙烯；16—2 - 丁酮；17—溴氯甲烷；18—氯仿；19—二溴氟甲烷；20—1,1,1 - 三氯乙烷；21—四氯化碳；22—1,1 - 二氯丙烯；23—苯；24—1,2 - 二氯乙烷；25—氟苯；26—三氯乙烯；27—1,2 - 二氯丙烷；28—二溴甲烷；29——溴二氯甲烷；30—4 - 甲基 - 2 - 戊酮；31—甲苯 - d₈；32—甲苯；33—1,1,2 - 三氯乙烷；34—四氯乙烯；35—1,3 - 二氯丙烷；36—2 - 己酮；37—二溴氯甲烷；38—1,2 - 二溴乙烷；39—氯苯 - d₅；40—氯苯；41—1,1,1,2 - 四氯乙烷；42—乙苯；43—1,1,2 - 三氯丙烷；44—间,对 - 二甲苯；45—邻 - 二甲苯；46—苯乙烯；47—溴仿；48—异丙苯；49—4 - 溴氟苯；50—溴苯；51—1,1,2,2 - 四氯乙烷；52—1,2,3 - 三氯丙烷；53—正丙苯；54—2 - 氯甲苯；55—1,3,5 - 三甲基苯；56—4 - 氯甲苯；57—叔丁基苯；58—1,2,4—三甲基苯；59—仲丁基苯；60—1,3 - 二氯苯；61—1,4 - 异丙基甲苯；62—1,4 二氯苯 - d₄；63—1,4 - 二氯苯；64—正丁基苯；65—1,2 - 二氯苯；66—1,2 - 二溴 - 3 - 氯丙烷；67—1,2,4 - 三氯苯；68—六氯丁二烯；69—萘；70—1,2,3 - 三氯苯。

图 4 - 9 - 1　70 种 VOCs 色谱图（DB - 624 柱）

3. 质量控制要求及要点

（1）实验室空白。每批次样品（不超过 20 个）至少做一个实验室空白。

以石英砂代替实际样品，按与试样的预处理相同步骤制备空白试样，按照与试样相同的分析步骤进行测定，空白中目标化合物浓度应低于方法检出限或小于相关环保标准限值的 5%，否则应采取措施排除污染并重新分析同批样品。

（2）全程序空白和运输空白。每批样品应至少测定一个运输空白和一个全程序空白样品。若怀疑样品受到污染，则需要分析该空白样品，其测定结果应满足实验室空白试验的控制指标，否则须查找原因，采取措施排除污染后重新采集样品分析。

（3）实验室平行和基体加标。每一批样品（不超过 20 个）应选择一个样品进行实验室平行分析或基体加标分析。所有样品中替代物加标回收率均应在 70% ~130% 之间，否则应重复分析该样品。若重复测定替代物回收率仍不合格，说明样品存在基体效应。此时应分析一个空白加标样品，其中的目标物回收率应在 70% ~130%。

若初步判定样品中含有目标物，则须分析一个平行样，平行样品中替代物相对偏差应在 25% 以内；若初步判定样品中不含有目标物，则须分析该样品的加标样品，该样品及加标样品中替代物相对偏差应在 25% 以内。

（4）仪器性能检查。仪器使用过程中，每 24 小时需用 BFB 溶液进行仪器检查，用四级杆质谱得到的 BFB 关键离子丰度应符合如表 4 – 9 – 4 中规定的标准，否则需对质谱仪的参数进行调整或者考虑清洗离子源。

表 4 – 9 – 4　BFB 关键离子丰度标准

质量	离子丰度	质量	离子丰度
50	质量 95 的 8% ~40%	174	大于质量 95 的 50%
75	质量 95 的 30% ~80%	175	质量 174 的 5% ~9%
95	基峰，100% 相对丰度	176	质量 174 的 93% ~101%
96	质量 95 的 5% ~9%	177	质量 176 的 5% ~9%
173	小于质量 174 的 2%	—	—

（5）曲线校准验证点。校准曲线中定量的目标物相对响应因子（RRF）的 RSD 应小于或等于 20%，或线性、非线性校准曲线相关系数大于 0.99，否则需更换捕集管、色谱柱或采取仪器维护措施，然后重新绘制校准曲线。

应用校准确认标准溶液应在仪器性能检查之后进行分析。校准确认标准溶液中内标与校准曲线中间点内标比较，保留时间的变化不超过 10 s，定量离子峰面积变化在 50% ~200%。校准确认标准溶液中监测方案要求测定的目标物，其测定值与加入浓度值的比值在 80% ~120%，否则在分析样品前应采取校正措施。若校正措施无效，则应重新绘制校准曲线。

4. 常见问题分析

（1）实验室污染。实验室应布局合理，挥发性有机物所用的试剂、材料、仪器应避免与其他有机溶剂（含有目标组分）接触。挥发性有机物所用的试剂、材料均应进行验收，并且挥发性有机物测试过程中所用到仪器的所处房间应该保持良好的空气循环并与其他分析项目设备（如半挥发性有机物）隔离，避免造成实验室污染。

（2）低沸点挥发性有机物响应偏低。由于低沸点挥发性有机物常温下呈气态，加上吹扫中水汽干扰，导致低沸点挥发性有机物响应偏低。实际分析过程中低沸点挥发性有机物标液的保存时间不宜过长，吹扫的气流流量不宜过大，避免过多的水汽进入仪器中。

（3）高浓度样品后面样品有检出。出现高浓度样品时，会导致系统残留，影响序列中排在后面的样品。一方面需要增加系统烘烤的时间，另一方面要重测序列中排在高浓度样品后的样品。一般可以根据现场 PID 快速检测的结果来区分高、低浓度样品，对于高浓度样品一般可采用在其后增加空白样品，当空白样品未检出时可证明其后样品将不会被污染。

（4）样品中内标响应值偏低。样品中内标响应值偏低一般是由于系统漏气，漏气情况一般来自前处理系统，还可能是样品具有吸附性能而导致内标响应值偏低。

（5）超曲线样品稀释样比原样结果偏高或偏低。偏高的情况除了实验室污染、样品不均匀等因素以外，也可能是由于样品的萃取效果不同导致，面对高黏性结块的样品，使用水进行萃取时，由于时间较短无法将内部化合物萃取出来，而超曲线的样品一般采用一开始采样就用甲醇浸泡的样品，此时样品中的化合物基本被甲醇萃取完全。遇到这种情况除了复测以外，一般可选择小质量土壤进行测试。

偏低的情况除了样品不均匀的原因以外，也可能是因为稀释样采取的甲醇体积过多导致，甲醇跟随化合物一起被富集，但在除水的过程中带走一部分化合物导致目标化合物响应偏小。此种情况下针对不同目标化合物的稀释倍数不能太低，否则会导致用于吹扫的浸取液过多；对于稀释倍数小的样品应选择小质量的样品进行测试。

4.10　其他无机化合物分析

1. 背景介绍

氰化物（cyanide）是一种含有氰基（—C≡N）的化合物，可分为无机氰化物和有机氰化物两种。常见的无机氰化物有简单氰化物、络合氰化物、硫氰酸盐等；有机氰化物有乙腈、丙腈、丁腈和丙烯腈等腈类化合物。氰化物广泛存在于自然界，尤其是生物界。土壤中也普遍含有氰化物，主要是无机氰化物，其含量为 $0.003 \sim 0.130$ mg/kg，并随土壤的深度增加而递减。天然土壤中的氰化物主要来自土壤腐殖质。

人类的活动也会导致氰化物的形成。环境中的氰化物主要来自于工业"三废"，也有来自于含氰的杀虫剂或药剂污染，但以前者为主。由于工业活动的影响，许多地点的土壤都遭到了氰化物的污染。有文献报道，这种氰化物的污染主要以铁氰化钾和亚铁氰化物存在的络合氰化物进行迁移，给环境和人类健康带来了极大的危害。

2. 分析方法及要点

（1）方法简述。土壤中氰化物的测定主要采用分光光度法。生态环境部现行的标准方法如表 4 – 10 – 1 所示。

表 4 – 10 – 1　土壤中氰化物分析标准方法

项目	标准名称		相关说明
	《土壤　氰化物和总氰化物的测定　分光光度法》（HJ 745—2015）		
适用范围	土壤中氰化物和总氰化物的测定		—
显色方法	异烟酸 - 巴比妥酸分光光度法	异烟酸 - 吡唑啉酮分光光度法	—
显色条件	25 ℃显色 15 min（15 ℃显色 25 min；30 ℃显色 10 min）	25 ~ 35 ℃水浴显色 40 min	—
分析仪器	分光光度计		—
检出限	0.01 mg/kg	0.04 mg/kg	均按样品量 10 g 计

（2）测试步骤。

①样品称量。称取约 10 g 干重的样品于称量纸上（精确到 0.01 g），略微裹紧后移入蒸馏瓶。另称取样品按照 HJ 613—2011 进行干物质的测定。

②样品的制备和测定。

a. 样品的制备。

总氰化物：在制好的样品中加入磷酸、氯化亚锡和硫酸铜，在 pH < 2 的条件下加热蒸馏，能够使土壤样品中的络合物完全分解。

氰化物：氰化物的释放与吸收与 pH 紧密相关，不同 pH 的土壤经过添加 3 mL 10% 的 NaOH，再统一加入 5 mL 酒石酸后，pH 均能调节至 4.0 左右。由于标准样品证书没有给出氰化物的确定值，有实验证明，只添加了氰化钾标准溶液的氰化物和总氰化物的测定值相同，故可以证明氰化物测试的准确度。

b. 校准曲线的绘制。

以异烟酸 – 巴比妥酸法为例，取 8 支 25 mL 具塞比色管，分别加入氰化钾标准使用溶液（0.500 mg/L）0.00 mL、0.10 mL、0.30 mL、1.00 mL、2.00 mL、4.00 mL、8.00 mL 和 10.00 mL，各加入氢氧化钠溶液至 10.00 mL，再加入 5.00 mL 磷酸盐缓冲溶液和 6.00 mL 异烟酸 – 巴比妥酸显色剂，定容后立即水浴和比色。

c. 样品的测定。

取 10.00 mL 馏出液于 25 mL 具塞比色管中，按照与校准曲线相同步骤进行测定。

3. 质量控制要求及要点

（1）空白试验的氰化物和总氰化物含量应小于方法检出限。

（2）每批样品应做 10% 的平行样分析，其氰化物的相对偏差应小于 25%，总氰化物的相对偏差应小于 15%。如果样品不均匀，应在满足精密度的要求下做至少两个平行样的测定，平行样取均值报出结果。

（3）每批样品应做 10% 的加标样分析，氰化物和总氰化物的加标回收率均应控制在 70% ~ 120%，氰化物的加标物使用氰化物标准溶液，总氰化物的加标物可使用铁氰化钾标准溶液，加标后的样品与待测样品同步处理。

（4）定期使用有证标准物质进行检验。

（5）校准曲线回归方程的相关系数 $r \geqslant 0.999$，每批样品应做一个中间校核点，其测定值与校准曲线相应点浓度的相对偏差应不超过 5%。

4. 常见问题分析

（1）异烟酸配成溶液后如呈现明显淡黄色，使空白值增高，可过滤。实验室应用无色的 N,N – 二甲基甲酰胺为宜。

（2）如样品中氰化物含量较高，可适当减少样品称量或对吸收液稀释后进行测定。

（3）如在试样制备过程中，蒸馏或吸收装置发生漏气导致氰化氢挥发，会使氰化物分析产生误差且污染实验室环境，所以在蒸馏过程中一定要时刻检查蒸馏装置的气密性。蒸馏时，馏出液导管下端务必要插入吸收液液面下，使氰化氢吸收完全。

第5章
报告编制及要点

5.1 监测报告

监测报告是根据建设用地土壤调查监测方案和结果进行编制的，用以全面反映监测方案确定的监测因子、监测点位、分析方法及监测结果。

监测报告应包括但不限于以下内容：标题（"×××监测报告"）；检验检测机构的名称、地址、联系方式等通信资料；每份监测报告的封面必须加盖检验检测专用章，整份报告加盖骑缝章，封面应加盖资质认定标志或实验室认可标识（适用时）；检测地点（包括在检验检测机构固定场所以外进行检测的地点，如客户设施、实验室固定设施以外的地点，相关临时或移动设施等）；监测报告的唯一性标识、每一页上的标识、报告总页数、页码及表明监测报告结束的清晰标识；委托单位和被测地块的名称、被测地块地址及联系信息；采样方法（适用于采样与结果有效性或应用相关时）；检测样品的描述、明确标识和状态，包括采样样品点位的命名，采样点位经纬度，采样深度，检测样品的特性及状态；样品的接收日期，对结果有效性和应用至关重要的采样日期，以及样品的分析日期；相关采样人员和分析人员，检测方法的识别（如标准编号、方法名称、所使用的检测仪器及其编号、方法检出限等）。

检测结果（适用时，带测量单位）还需包括对方法的补充、偏离、增加或删减，以及特定检测条件的信息，如环境条件；给出符合（或不符合）要求或规范的声明（适用时）；提出意见和解释（适当时）。

地块检测点位示意图；监测报告编写人、审核人、签发人的姓名和签字（等效的标识）及签发日期；检测结果来自于外部提供者的应有外部供应商的清晰标注（适用于分包）；报告说明；估算的监测结果不确定度的说明（适用时）；特定方法、客户要求附加的信息（适用时）。

综上，监测报告应做到信息完整、一致；数据真实、有效；计量单位、名词术语规范；与合同要求一致。

5.2 监测报告审核要点

监测报告应实行三级审核制。在签发前必须对监测报告进行校对和审核。校对主要是对数据转移、计算处理及报告内容差漏进行复核，即检查监测报告与原始记录的一致性；审核是对报告的完整性、依据以及数据的有效性、测定结果的准确性及合理性进行审查。审核内容包括：检测所依据的标准、方法、指导书的有效性；检测仪器设备、环境条件选用、数据计算以及所有文字、符号、计量单位的有效性；报告的检测结果与检测原始记录的准确性和合理性；报告内容及其档案要件的完整性；报告编制的规范性。

审核范围应包括样品采集、样品保存、样品流转与运输、分析原始记录、质控记录及质控数据统计表等。质控样品测试结果符合要求，质控结果核查结果无误，监测报告方可通过审核。

在填报测定结果和审核测定结果时，应特别注意有效数字问题，根据不同的分析方法，按照有效数据的修约规则规范测定结果［可参考《数值修约规则与极限数值的表示和判定》（GB/T 8170—2008）］，测定结果小数位数与方法检出限一致，或按分析方法要求保留。小于方法检出限时，以未检出或 ND 表示，并在监测报告中注明方法检出限。

监测报告中分析人员应包含前处理人员和样品分析人员（监测报告中前处理人员容易漏写）。

监测报告中采样深度或采样范围与现场原始记录中的采样深度或范围信息要一致。当各点位的各检测项目的采样深度或采样范围不同时，编辑和审核时容易产生错误，需要特别认真核对。

土壤的测定结果一般以《土壤环境质量 建设用地土壤污染风险管控标准（试行）》（GB 36600—2018）第一类用地筛选值作为参考限值，其中华南地区因为砷的本底值较大，通常以该标准的第二类用地筛选值作为参考限值，即 60 mg/kg 的参考限值。测定结果超过参考限值的样品需要再次确认其采样信息、分析计算过程、分析图谱、质控样情况等，确保测定结果的真实性和准确性。

同一采样点位的钻孔不同深度样品出现离群值时，需要特别关注及核实离群值的准确性以及合理性。下面以土壤有机指标举例说明（见图 5 – 2 – 1）。

当出现不合理、不符合实际等异常数据时，也可以参照如图 5 – 2 – 1 所示方法进行核查。一旦发现存在异常的问题，应及时与项目负责人、采样负责人、分析负责人、质控负责人沟通，查找原因，必要时应安排复测。

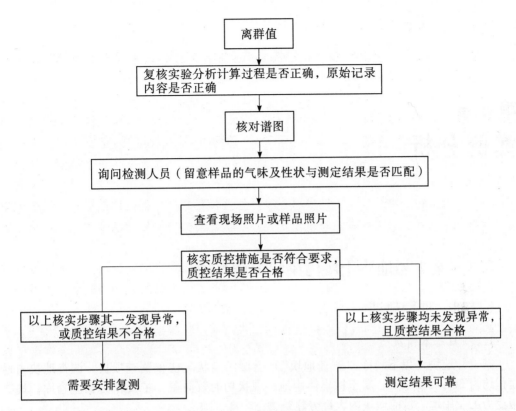

图 5 - 2 - 1　土壤有机指标

5.3　质控数据统计表

实验室在完成分析测试任务后，应对其最终报出的所有样品分析测试结果的可靠性和合理性进行全面、综合的评价，并提供质控数据统计表，内容包括：空白试验数据、精密度数据和准确度数据，各指标数量、符合性判定与合格率等。样式可参考本书附表。

第6章
案例分析

6.1　某1号地块土壤污染状况调查项目

6.1.1　项目概述

1. 项目基本情况

某1号地块（以下简称"调查地块"）土壤污染状况初步调查项目，调查地块占地面积约为36 948.51 m²，属于村集体用地。现状功能较简单，主要作为物流仓库，地类用途为工业用地。目前地块内大部分建筑物已全部拆除。

2. 项目地块规划

根据相关规划文件显示：调查地块为复合规划，其中北部未来规划为居住用地（R2），属于《土壤环境质量　建设用地土壤污染风险管控标准（试行）》（GB 36600—2018）中规定的第一类用地；调查地块南部未来规划为商务设施用地（B2），地块四周均为城市道路用地（S1），属于《土壤环境质量　建设用地土壤污染风险管控标准（试行）》（GB 36600—2018）中规定的第二类用地。

3. 项目地块历史

调查地块北部地块1983年之前主要为农田，种植茨菇；在1983—1984年左右开始填沙建设厂房，地块历史上存在过自行车零件厂、摩托车配件厂。调查地块南部1号（西侧）区域1983年之前为水塘和空地，地块自建设起一直作为仓库，主要存放过自行车、摩托车配件以及五金、塑料和日用百货等；南部2号（东侧）区域地块1983年之前主要为农田，曾种植水稻、培育树苗和牲口养殖，还作为仓库存放过自行车配件、塑料、日用百货等。

4. 地块及周边污染物识别

根据污染源识别结果，调查地块潜在关注污染物主要为石油烃类、邻苯二甲酸酯类、多氯联苯、多环芳烃、氟化物、氰化物、重金属（锑、铍、钴、钒、锌、总铬、镍、铜、六价铬）、氯代烃、苯系物。

5. 监测方案

2020年7月至2020年8月，地块内共布设土壤监测点24个，在地块外采集2组土壤对照点样品，土壤监测指标包括理化性质（2 项）、重金属和无机物（15 项）、VOCs（27 项）、SVOCs（25 项）、石油烃（C_{10}—C_{40}）、多氯联苯。在地块内布设了 7 个地下水监测井，地下水监测指标包括常规指标（2 项）、重金属和无机物（15 项）、VOCs（23 项）、SVOCs（22 项）、石油烃（C_{10}—C_{40}）、多氯联苯。点位图详见图 6 – 1 – 1。

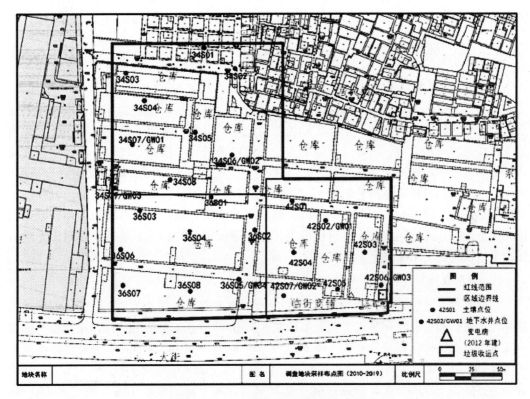

图 6 – 1 – 1　调查地块初步调查布点图

6．评价依据

根据调查地块未来规划用地性质与所处区域，调查地块敏感区域均执行《土壤环境质量　建设用地土壤污染风险管控标准（试行）》（GB 36600—2018）第一类用地筛选值，非敏感用地区域均执行《土壤环境质量　建设用地土壤污染风险管控标准（试行）》（GB 36600—2018）第二类用地筛选值。

7．检测结果与分析

根据初步采样分析结果，调查地块内敏感用地区域土壤样品中重金属、无机物、27 项挥发性有机物指标、11 项半挥发性有机物指标、石油烃类（C_{10}—C_{40}）、邻苯二甲酸酯类、多环芳烃（8 项）和多氯联苯各项指标的检出浓度均低于相应的第一类用地土壤污染风险筛选值，满足第一类用地规划要求。

非敏感用地区域土壤样品中 15 项重金属、无机物、27 项挥发性有机物指标、11 项半挥发性有机物、多环芳烃（8 项）、石油烃类（C_{10}—C_{40}）、邻苯二甲酸酯类（6 项）和多氯联苯各项指标的检出浓度均低于相应的第二类用地土壤污染风险筛选值，满足第二类用地规划要求。

土壤对照点样品中各项指标的检出浓度均低于本报告所选取的第一类和第二类用地土壤污染风险筛选值。

8．调查结论

调查地块用地性质将由工业用地转变为居住用地（R2）、商务设施用地（B2）和城市道路用地（S1），调查结果显示土壤环境质量符合未来用地规划对土壤环境质量的要求。

6.1.2　环境监测与质量控制方案

1．定位和探测技术

项目开展进场工作前，本次钻探单位和调查单位对现场进行了勘探，重点关注了地块内的地形地物、交通条件、钻孔实际位置及现场的电源、水源等情况，核实了地块内地下管线的分布和走向，同时对布设的点位下方电缆进行了核实。同时，由于调查地块地下部分区域涉及地铁 n 号线某区间盾构隧道，按照《广州市城市轨道交通管理条例》规定，土壤钻孔取样不得在地铁盾构隧道正上方施工，因此，在项目实施前，对调查地块涉及地铁保护线内的钻探取土工程提交纸质申请给地方地铁集团有限公司地铁设施保护办公室批准，经过同意后，再进行施工。并在确保安全的情况下进行点位布设，然后使用全站仪进行了坐标测定。

2．钻探取土

根据本项目地层情况，地块地层依次为人工填土层（杂填土）、冲积层（细砂、粉质黏土、粗砂和淤泥）和基岩，因此本次调查选用 XY－100 型钻机，并利用冲击和螺旋模式进行钻探，钻孔直径分别为 146 mm、127 mm、110 mm。对于混凝土硬化的点位先用 146 mm 钻头螺旋切割将混凝土层穿透，混凝土以下的土层使用 110 mm 钻头以千斤锤冲击的方式向下冲击钻孔，钻探过程中如果遇到含水丰富或松散土层，则使用 110 mm 钻头加取样管以千斤锤冲击的方式向下冲击钻孔取样。

钻探工作开始前，清理钻探工作区域，架设钻机，钻探和岩芯编录工作按照《岩土工程勘察规范》（GB50021—2001）实施。在两次钻孔之间，对钻探设备进行清洗；当同一钻孔在不同深度采样时，对钻探设备、取样装置进行清洗，避免污染样品。钻探取土过程见图 6－1－2。

图 6－1－2　钻探取土过程

土壤采样岩芯编录时记录的内容包括土壤的气味、污染痕迹、外观性状、采样深度等。

3. 样品筛查

为了能更好地选取有代表性污染土壤的样品，准确捕获污染，同时减少实验室送检样品量，在实际的采样过程中，本次调查使用便携式光离子化检测仪对土壤 VOCs 进行快速检测，使用便携式 X 射线荧光光谱仪对土壤重金属进行快速检测。样品筛查前，已根据地块污染情况和仪器灵敏度水平，设置便携式光离子化检测仪、便携式 X 射线荧光光谱仪等现场快速检测仪器的最低检出限和报警限。筛查要求按照岩心从上往下 0.5 m 内做一个样品筛查，3 m 以上每 0.5 m 做一个样品筛查，3 m 以下每 1.0 m 做一个样品筛查。快筛检测及分层采样照片见图 6 - 1 - 3。

快筛检测　　　　　　　　　　　　　　　　分层采样

图 6 - 1 - 3　快筛检测及分层采样

根据筛查的初步结果，同时结合土壤的污染状况、气味等情况，本项目的采样深度根据《建设用地土壤污染风险管控和修复监测技术导则》（HJ 25.2—2019）的要求来确定，采样样品及深度总体原则如下：

（1）去除表层的硬化层后，土壤表层 0.5 m 以内设置至少一个采样点，0.5 m 以下采用分层采样。

（2）不同性质的土层至少有一个土壤样品。

（3）地下水位线附近至少设置一个土壤采样点。

（4）当同一性质土层的厚度较大时（2 m 以上），在该土层适当增加采样点，以保证该性质土层至少采集两个样品。

（5）0.5～6 m 土壤采样区间范围不超过 2 m。

4. 样品采集

土壤样品的采集、保存及流转要求遵照《土壤环境监测技术规范》（HJ/T 166—2004）、《建设用地土壤污染风险管控和修复监测技术导则》（HJ 25.2—2019）、《广州市工业企业场地环境调查、治理修复及效果评估文件技术要点》（穗环办〔2018〕173 号）、

《工业企业场地环境调查评估与修复工作指南（试行）》的要求进行。初步采样调查的最大采样深度均大于 5 m（5.2~6.3 m）。

（1）人员分工。根据项目实际情况，每台钻机配备一组跟机人员，采样人员分工及工作内容详见表 6-1-1。

表 6-1-1　人员分工表

跟机人员		工作内容
场调技术负责人		负责监督规范钻探、采样环节，专业判断采样分层选取
钻探队		负责钻探及建井相关事宜
采样队	采样组长	负责拍照、采样记录、快筛记录、打印标签、监督指导采样员规范采样
	采样员 1	相互配合采集样品、快速检测样品、贴标签
	采样员 2	

（2）拍照要求。本项目拍照内容及要求详见第三章3.5节。

（3）土壤样品采集。为避免样品采集过程中挥发性有机物的损失，本项目土壤样品优先采集挥发性有机物，具体采样顺序如下：①挥发性有机物（VOCs）；②半挥发性有机物（SVOCs）、石油烃类、多氯联苯；③重金属。

采样过程中采样员佩戴一次性丁腈手套，每次取样后须进行更换，采样器具及时清洗，避免交叉污染。具体各指标的采样要求见第三章3.4节。土壤样品现场采集照片见图 6-1-4。

（4）现场质量控制样品的采集。VOCs 每批样品至少采集 1 个全程序空白样品和 1 个 VOCs 的运输空白样品。同时按每天 5% 的比例采集现场平行样，现场平行样优先选取快筛数据较高的以及指标较全的点位采集。

图 6-1-4　土壤样品现场采集

（5）标签与记录要求。样品采集过程中，由专人填写样品标签、采样记录；标签建议一式两份，一份可贴在自封袋内侧，防止掉落，一份可系在袋口；样品采集完成后，记录编号、检测因子等采样信息，需逐项检查采样记录、样袋标签和土壤样品，如果有缺项和错误，及时补齐更正。标记完成后的样品及时放入装有冰冻蓝冰的低温保温箱中，严防样品的损失、混淆和沾污。

5. 样品保存与流转

（1）样品的保存。土壤样品的保存方式根据土壤样品分析项目的不同而不同，对重金属样品采用聚乙烯密封袋装样，挥发性和半挥发性有机物使用具有聚四氟乙烯密封垫的直口螺口瓶收集样品。具体的土壤样品保存方式与条件见表 6-1-2。

表 6－1－2　土壤样品的保存方式与条件

样品类型	检测指标	检测方法	保存容器	保存条件	保存有效期
土壤样品	pH 值	《土壤　pH 值的测定　电位法》（HJ 962—2018）	聚乙烯密封袋	每个样品 1 袋，总量＞1 kg，4 ℃以下冷藏保存	—
	铜	《土壤和沉积物　铜、锌、铅、镍、铬的测定　火焰原子吸收分光光度法》（HJ 491—2019）	聚乙烯密封袋	每个样品 1 袋，总量＞1 kg，4 ℃以下冷藏保存	鲜样 180 d，消解液 30 d
	镍	《土壤和沉积物　铜、锌、铅、镍、铬的测定　火焰原子吸收分光光度法》（HJ 491—2019）			鲜样 180 d，消解液 30 d
	铅	《土壤和沉积物　铜、锌、铅、镍、铬的测定　火焰原子吸收分光光度法》（HJ 491—2019）			鲜样 180 d，消解液 30 d
	铬	《土壤和沉积物　铜、锌、铅、镍、铬的测定　火焰原子吸收分光光度法》（HJ 491—2019）			鲜样 180 d，消解液 30 d
	镉	《土壤质量　铅、镉的测定　石墨炉原子吸收分光光度法》（GB/T 17141—1997）			鲜样 180 d
	砷	《土壤和沉积物　汞、砷、硒、铋、锑的测定　微波消解/原子荧光法》（HJ 680—2013）			鲜样 180 d
	六价铬	《土壤和沉积物　六价铬的测定　碱溶液提取－火焰原子吸收分光光度法》（HJ 1082—2019）			样品消解液 30 d
	锌	《土壤和沉积物　铜、锌、铅、镍、铬的测定　火焰原子吸收分光光度法》（HJ 491—2019）			鲜样 180 d，消解液 30 d

续上表

样品类型	检测指标	检测方法	保存容器	保存条件	保存有效期
土壤样品	锑	《土壤和沉积物　12 种金属元素的测定　王水提取 - 电感耦合等离子体质谱法》（HJ 803—2016）	聚乙烯密封袋	每个样品 1 袋，总量 > 1 kg，4 ℃ 以下冷藏保存	鲜样 180 d
	铍	《土壤和沉积物　铍的测定　石墨炉原子吸收分光光度法》（HJ 737—2015）			鲜样 180 d
	钴	《土壤和沉积物　12 种金属元素的测定　王水提取 - 电感耦合等离子体质谱法》（HJ 803—2016）			鲜样 180 d
	钒	《土壤和沉积物　12 种金属元素的测定　王水提取 - 电感耦合等离子体质谱法》（HJ 803—2016）			鲜样 180 d
	汞	《土壤和沉积物　汞、砷、硒、铋、锑的测定　微波消解/原子荧光法》（HJ 680—2013）			鲜样 28 d
	SVOCs 和邻苯二甲酸酯类（25 项）	《土壤和沉积物　半挥发性有机物的测定　气相色谱 - 质谱法》（HJ 834—2017）	250 mL 棕色玻璃瓶	每个样品 1 瓶，采满，4 ℃ 以下冷藏保存	10 d
	多氯联苯（18 项）	《土壤和沉积物　多氯联苯的测定　气相色谱法》（HJ 922—2017）			14 d 内前处理，提取液 40 d
	干物质	《土壤　干物质和水分的测定　重量法》（HJ 613—2011）			—
	石油烃（C_{10}—C_{40}）	《土壤和沉积物　石油烃（C_{10}—C_{40}）的测定　气相色谱法》（HJ 1021—2019）			鲜样 14 d，提取液 40 d

续上表

样品类型	检测指标	检测方法	保存容器	保存条件	保存有效期
土壤样品	VOCs（27 项）	《土壤和沉积物 挥发性有机物的测定 吹扫捕集/气相色谱 - 质谱法》（HJ 605—2011）	40 mL 棕色玻璃瓶和 60 mL 棕色玻璃瓶	每个样品 5 瓶，其中 4 瓶用于测定挥发性有机物，1 瓶用于测定含水率。用于测定挥发性有机物的样品每瓶约 5 g，4 ℃ 以下冷藏保存	7 d

备注：

（1）SVOCs 和邻苯二甲酸酯类 25 项包括：苯胺、2 - 氯苯酚、硝基苯、萘、苊烯、邻苯二甲酸二甲酯、苊、芴、邻苯二甲酸二乙酯、菲、蒽、邻苯二甲酸二正丁酯、荧蒽、芘、邻苯二甲酸丁基苄基酯、苯并（α）蒽、䓛、邻苯二甲酸二（2 - 乙基己基）酯、邻苯二甲酸二正辛酯、苯并（b）荧蒽、苯并（k）荧蒽、苯并（α）芘、茚并［1,2,3 - cd］芘、二苯并［a，h］蒽、苯并［ghi］芘。

（2）多氯联苯 18 项包括：3,4,4′,5 - 四氯联苯（PCB81）、3,3′,4,4′ - 四氯联苯（PCB77）、2′,3,4,4′,5 - 五氯联苯（PCB123）、2,3′,4,4′,5 - 五氯联苯（PCB118）、2,3,4,4′,5 - 五氯联苯（PCB114）、2,3,3′,4,4′ - 五氯联苯（PCB105）、3,3′,4,4′,5 - 五氯联苯（PCB126）、2,3′,4,4′,5,5′ - 六氯联苯（PCB167）、2,3,3′,4,4′,5 - 六氯联苯（PCB156）、2,3,3′,4,4′,5′ - 六氯联苯（PCB157）、3,3′,4,4′,5,5′ - 六氯联苯（PCB169）、2,3,3′,4,4′,5,5′ - 七氯联苯（PCB189）、2,4,4′ - 三氯联苯（PCB28）、2,2′,5,5′ - 四氯联苯（PCB52）、2,2′,4,5,5′ - 五氯联苯（PCB101）、2,2′,3,4,4′,5′ - 六氯联苯（PCB138）、2,2′,4,4′,5,5′ - 六氯联苯（PCB153）、2,2′,3,4,4′,5,5′ - 七氯联苯（PCB180）。

（3）VOCs27 项包括：氯甲烷、氯乙烯、1,1 - 二氯乙烯、反式 - 1,2 - 二氯乙烯、二氯甲烷、1,1 - 二氯乙烷、顺式 - 1,2 - 二氯乙烯、氯仿、1,1,1 - 三氯乙烷、四氯化碳、苯、1,2 - 二氯乙烷、三氯乙烯、1,2 - 二氯丙烷、甲苯、1,1,2 - 三氯乙烷、四氯乙烯、氯苯、1,1,1,2 - 四氯乙烷、乙苯、间，对 - 二甲苯、邻二甲苯、苯乙烯、1,1,2,2 - 四氯乙烷、1,2,3 - 三氯丙烷、1,4 - 二氯苯、1,2 - 二氯苯。

（2）样品的流转。到达实验室后，送样者和接样者双方同时清点样品，即将样品逐件与样品登记表、样品标签和采样记录单进行核对，并在样品交接单上签字确认，样品交接单由双方各存一份备查。核对无误后，将样品分类、整理和包装后放于冷藏柜中。样品运输过程中均采用保温箱保存，保温箱内放置足量冰冻蓝冰，以保证样品对低温的要求，且严防样品的损失、混淆和沾污。

6. 实验室分析及质量控制

本项目严格按照分析方法的要求做好所有检测指标的质量控制措施，当方法标准、技术规范中明确了各质控措施实施要求时，应按其要求实施质控措施。未明确时，参考以下要求实施。

（1）每 20 个样品做 1 次室内空白试验。

（2）连续进样分析时，每分析 20 个样品测定一次校准曲线中间浓度点，确认分析仪器校准曲线是否发生显著变化。

（3）每个检测指标（除挥发性有机物外）均做平行双样分析。在每批次分析样品中，随机抽取 5% 的样品进行平行双样分析；当批次样品数≤20 时，随机抽取 2 个样品进行平行双样分析。

（4）当可获得与被测土壤或地下水样品基体相同或类似的有证标准物质时，在每批次样品分析时同步均匀插入有证标准物质样品进行分析。每批样品插入 5% 的有证标准物质样品；当批次样品数≤20 时，插入 2 个有证标准物质样品。

（5）当没有合适的土壤或地下水基体有证标准物质时，通过基体加标回收率试验对准确度进行控制。每批次样品中，随机抽取 5% 的样品进行加标回收率试验；当批次样品数≤20 时，随机抽取 2 个样品进行加标回收率试验。

（6）当方法标准要求进行有机污染物样品的替代物加标回收率试验时，应严格按照方法标准的要求实施。

本项目各项检测指标具体的分析方法以及采取的质量控制措施详见表 6 - 1 - 3。

表 6 - 1 - 3　实验室分析及质量控制措施

测试指标	分析方法	实验室质量控制措施				
		实验室空白	实验室平行	基体加标	标准样品（质控样）	替代物加标回收
pH 值	《土壤　pH 值的测定　电位法》（HJ 962—2018）	√	√	×	√	×
干物质	《土壤　干物质和水分的测定　重量法》（HJ 613—2011）	×	√	×	×	×
砷、汞	《土壤和沉积物　汞、砷、硒、铋、锑的测定　微波消解/原子荧光法》（HJ 680—2013）	√	√	×	√	×
镉	《土壤质量　铅、镉的测定　石墨炉原子吸收分光光度法》（GB/T 17141—1997）	√	√	×	√	×
铜、铅、镍、锌、铬	《土壤和沉积物　铜、锌、铅、镍、铬的测定　火焰原子吸收分光光度法》（HJ 491—2019）	√	√	×	√	×
六价铬	《土壤和沉积物　六价铬的测定　碱溶液提取 - 火焰原子吸收分光光度法》（HJ 1082—2019）	√	√	√	×	×

续上表

测试指标	分析方法	实验室质量控制措施				
		实验室空白	实验室平行	基体加标	标准样品（质控样）	替代物加标回收
锑、钴、钒	《土壤和沉积物　12 种金属元素的测定　王水提取 – 电感耦合等离子体质谱法》（HJ 803—2016）	√	√	√	×	×
铍	《土壤和沉积物　铍的测定　石墨炉原子吸收分光光度法》（HJ 737—2015）	√	√	×	√	×
VOCs（27 项）	《土壤和沉积物　挥发性有机物的测定　吹扫捕集/气相色谱 – 质谱法》（HJ 605—2011）	√	√	√	√	√
SVOCs（17 项）和邻苯二甲酸酯类（8 项）	《土壤和沉积物　半挥发性有机物的测定　气相色谱 – 质谱法》（HJ 834—2017）	√	√	√	√	√
石油烃（C_{10}—C_{40}）	《土壤和沉积物　石油烃（C_{10}—C_{40}）的测定　气相色谱法》（HJ 1021—2019）	√	√	√	√	×
多氯联苯（18 项）	《土壤和沉积物　多氯联苯的测定　气相色谱法》（HJ 922—2017）	√	√	√	√	×
氰化物	《土壤　氰化物和总氰化物的测定　分光光度法》（HJ 745—2015）	√	√	√	√	×
总氟化物	《土壤　水溶性氟化物和总氟化物的测定　离子选择电极法》（HJ 873—2017）	√	√	×	√	×

备注："√"表示实施该质控措施；"×"表示无须实施该质控措施。

7．质量控制结果分析

本项目严格按照《土壤环境监测技术规范》（HJ/T 166—2004）、《广州市工业企业场地环境调查、治理修复及效果评估文件技术要点》（穗环办〔2018〕173 号）和《建设用地土壤污染风险管控和修复监测技术导则》（HJ 25.2—2019）等相关规定，现场采集了平行土壤样品，挥发性有机物设置运输空白；实验室分析主要采取实验室空白样、实验室平行样、加标回收和标准物质进行质量控制。

实验室空白样检测结果满足小于检出限的控制范围要求，现场空白样质控结果为合格；平行样各指标检出值的相对偏差均在允许相对标准范围内；各指标的加标回收率满足加标回收率要求，加标回收率质控结果均为合格；标准样品/质控样品各指标的测定结果均满足对应的标准值及不确定度范围均在范围内，标准样品质控结果均为合格。

综合以上质控结果分析，土壤样品质量控制结果总体合格，本次场地调查的监测结果真实可信。

6.2　某 2 号地块土壤污染状况调查项目

6.2.1　项目概述

1．项目基本情况

某 2 号地块（以下简称"调查地块"）土壤污染状况初步调查项目，调查地块占地面积约为 120 510 m²，属于某公司所有。现状主要作为医药生产的工业用地，目前地块内制药公司停产以及搬迁，地块内厂房全部闲置。调查地块南侧为某学院，西侧为某国道，北侧为汽车配件工业区，东侧为隔涌山林地。

2．项目地块规划

根据相关规划文件显示：调查地块为城市综合开发用地（R/B）（商住、幼儿园用地功能），属于《土壤环境质量　建设用地土壤污染风险管控标准（试行）》（GB 36600—2018）中规定的第一类用地。

3．项目地块历史

根据资料收集和现场踏勘情况显示：

（1）调查地块 2000 年前属于某村的集体用地，使用功能为农用地，种植有荔枝、水稻等。

（2）2000 年 7 月—2018 年 5 月，目标地块被某制药有限公司购买；2000 年 7 月—2002 年 12 月调查地块建设完成原料药合成车间和制剂车间；2003 年开始生产，主要从事医药生产，其中 2015 年新建酶制剂车间生产饲料添加剂（酶制剂）。

（3）截至目前，调查地块被某投资有限公司收购，目标地块内的制药公司停产以及搬迁，地块内厂房全部闲置。

4．地块及周边污染物识别

调查地块历史生产期间的潜在污染源主要为仓库、生产车间以及锅炉房、油罐车、备用发电机房、排水管沿线以及污水处理站等，根据污染源识别结果，调查地块潜在关注污染物主要为重金属、多环芳烃、石油烃（C_{10}—C_{40}）、苯胺类、吡啶。

5．监测方案

2018 年 11 月至 2019 年 3 月，地块内共布设土壤监测点 59 个，在地块外采集 2 组土壤对照点样品，土壤监测区域分为重点区域和非重点区域两部分，其中非重点区域的检测指标包括理化性质（2 项）、重金属和无机物（7 项）、VOCs（27 项）、SVOCs（11项）；重点区域检测指标包括理化性质（2 项）、重金属和无机物（9 项）、石油烃（C_{10}—C_{40}）、多氯联苯（18 项）、VOCs（52 项）、SVOCs（52 项）。点位图详见图 6 - 2 - 1。

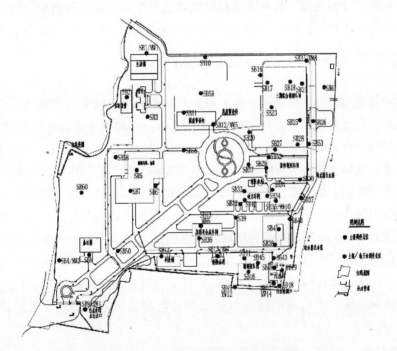

图 6 - 2 - 1　调查地块初步调查布点图

6．评价依据

根据调查地块未来规划用地性质与所处区域，调查地块均执行《土壤环境质量　建设用地土壤污染风险管控标准（试行）》（GB36600—2018）第一类用地筛选值。

7．检测结果与分析

根据土壤初步采样分析结果，调查地块内的检测指标 pH、重金属、总铬、氰化物、氟化物、石油烃（C_{10}—C_{40}）、多氯联苯（18 项）、VOCs（27 项/52 项）、SVOCs（11 项/52 项）等各项指标的检出浓度均低于相应的第一类用地土壤污染风险筛选值，满足第一类用地规划要求。

土壤对照点样品中各项指标的检出浓度均低于本报告所选取的第一类用地土壤污染风险筛选值。

8．调查结论

调查地块用地性质将由工业用地转变为城市综合开发用地（R/B）（商住、幼儿园用地功能），土壤环境质量符合未来用地规划对土壤环境质量的要求。

6.2.2　环境监测与质量控制方案

1．定位和探测技术

项目开展进场工作前，本次钻探单位和调查单位对现场进行了勘探，重点关注了地块内的地形地物、交通条件、钻孔实际位置及现场的电源、水源等情况，核实了地块内地下管线的分布和走向，同时对布设的点位下方电缆进行了核实。确保在安全情况下进行点位布设。点位布设完成后使用全站仪进行了坐标测定。

2．钻探取土

根据本项目地层情况，地块地层依次为人工填土层（杂填土）、冲积层（粉质黏土、中砂）和基岩，因此本次调查选用 XY－100 型钻机，并利用冲击和螺旋模式进行钻探，钻孔直径分别为 130 mm、110 mm。对于混凝土硬化的点位先用 130 mm 钻头螺旋切割将混凝土层穿透，混凝土以下的土层使用 110 mm 钻头以千斤锤冲击的方式向下冲击钻孔，钻探过程中如果遇到含水丰富或松散土层，则使用 110 mm 钻头加取样管以千斤锤冲击的方式向下冲击钻孔取样。

钻探工作开始前，清理钻探工作区域，架设钻机，钻探和岩芯编录工作按照《岩土工程勘察规范》（GB 50021—2001）实施。在两次钻孔之间，对钻探设备进行清洗；当同一钻孔在不同深度采样时，对钻探设备、取样装置进行清洗，避免污染样品。

土壤采样岩芯编录时记录的内容包括土壤的气味、污染痕迹、外观性状、采样深度等。

3．样品筛查

为了能更好地选取有代表性污染土壤的样品，准确捕获污染，同时减少实验室送检样品量，在实际的采样过程中，本次调查使用便携式光离子化检测仪对土壤 VOCs 进行快速检测，使用便携式 X 射线荧光光谱仪对土壤重金属进行快速检测。样品筛查前，已根据地块污染情况和仪器灵敏度水平，设置便携式光离子化检测仪、便携式 X 射线荧光光谱仪等现场快速检测仪器的最低检出限和报警限。筛查要求按照岩心从上往下 0.5 m 内做一个样品筛查，3 m 以上每 0.5 m 做一个样品筛查，3 m 以下每 1.0 m 做一个样品筛查。快筛检测及分层采样照片详见图 6－2－2。

快筛检测　　　　　　　　　　　　　　分层采样

图6-2-2　快筛检测及分层采样

根据筛查的初步结果，同时结合土壤的污染状况、气味等情况，本项目的采样深度根据《建设用地土壤污染风险管控和修复监测技术导则》（HJ 25.2—2019）的要求确定，采样样品及深度总体原则如下：

（1）去除表层的硬化层后，土壤表层0.5 m以内设置至少一个采样点，0.5 m以下采用分层采样。

（2）不同性质的土层至少有一个土壤样品。

（3）地下水位线附近至少设置一个土壤采样点。

（4）当同一性质土层的厚度较大时（2 m以上），在该土层适当增加采样点，以保证该性质土层至少采集两个样品。

（5）0.5~6 m土壤采样区间范围不大于2 m。

4. 样品采集

土壤样品的采集、保存及流转要求遵照《土壤环境监测技术规范》（HJ/T 166—2004）、《建设用地土壤污染风险管控和修复监测技术导则》（HJ 25.2—2019）、《广州市工业企业场地环境调查、治理修复及效果评估文件技术要点》（穗环办〔2018〕173号）和《工业企业场地环境调查评估与修复工作指南（试行）》的要求进行。初步钻孔采样调查的采样深度应不少于5 m，如有其他依据或原因（如风化层埋深较浅等）对初步采样的深度设置超出此范围的，应详细说明理由。目标地块中SB5和SB7点位均在3.5~4 m深度处土壤为强风化砂岩，因此SB5和SB7两个点位的实际采样深度最底层为3.5 m。

（1）人员分工。根据项目实际情况，每台钻机配备一组跟机人员，采样人员分工及工作内容详见表6-2-1。

表6-2-1　人员分工表

跟机人员		工作内容
场调技术负责人		负责监督规范钻探、采样环节,专业判断采样分层选取
钻探队		负责钻探及建井相关事宜
采样队	采样组长	负责拍照、采样记录、快筛记录、打印标签、监督指导采样员规范采样
	采样员1	相互配合采集样品、快速检测样品、贴标签
	采样员2	

（2）拍照要求。本项目拍照内容及要求详见第三章3.5节。

（3）土壤样品采集。为避免样品采集过程中挥发性有机物的损失,本项目土壤样品优先采集挥发性有机物,具体采样顺序如下:①挥发性有机物（VOCs）;②半挥发性有机物（SVOCs）、石油烃类、多氯联苯;③重金属。

采样过程中采样员佩戴一次性丁腈手套,每次取样后须进行更换,采样器具及时清洗,避免交叉污染。具体各指标的采样要求见第三章3.4节。土壤样品现场采集照片见图6-2-4。

图6-2-4　土壤样品现场采集

（4）现场质量控制样品的采集。VOCs每批样品至少采集1个全程序空白样品和1个运输空白样品。同时按每天5%的比例采集现场平行样,现场平行样优先选取快筛数据较高的以及指标较全的点位采集。

（5）标签与记录要求。样品采集过程中,由专人填写样品标签、采样记录;标签建议一式两份,一份可贴在自封袋内侧,防止掉落,一份可系在袋口;样品采集完成后,记录编号、检测因子等采样信息,需逐项检查采样记录、样袋标签和土壤样品,如果有缺项和错误,及时补齐更正。标记完成后的样品及时放入装有冰冻蓝冰的低温保温箱中,严防样品的损失、混淆和沾污。

5. 样品保存与流转

（1）样品的保存。土壤样品的保存方式根据土壤样品分析项目的不同而不同,对重金属样品采用聚乙烯密封袋装样，挥发性和半挥发性有机物使用具有聚四氟乙烯密封垫的直口螺口瓶收集样品。具体的土壤样品保存方式与条件见表6-2-2。

表6-2-2 土壤样品的保存方式与条件

样品类型	检测指标	检测方法	保存容器	保存条件	保存有效期
土壤样品	pH	《土壤检测第2部分：土壤pH的测定》（NY/T 1121.2—2006）	聚乙烯密封袋	每个样品1袋，总量>1 kg，4℃以下冷藏保存	—
	铜	《土壤质量 铜、锌的测定 火焰原子吸收分光光度法》（GB/T 17138—1997）	聚乙烯密封袋	每个样品1袋，总量>1 kg，4℃以下冷藏保存	鲜样180 d
	镍	《土壤质量 镍的测定 火焰原子吸收分光光度法》（GB/T 17139—1997）			鲜样180 d
	铅	《土壤质量 铅、镉的测定 石墨炉原子吸收分光光度法》（GB/T 17141—1997）			鲜样180 d
	镉	《土壤质量 铅、镉的测定 石墨炉原子吸收分光光度法》（GB/T 17141—1997）			鲜样180 d
	砷	《土壤和沉积物 汞、砷、硒、铋、锑的测定 微波消解/原子荧光法》（HJ 680—2013）			鲜样180 d
	六价铬	《固体废物 六价铬的测定法 碱消解/火焰原子吸收分光光度法》（HJ687—2014）			样品消解液30 d
	氟化物	《土壤 水溶性氟化物和总氟化物的测定 离子选择电极法》（HJ 873—2017）			鲜样180 d
	汞	《土壤和沉积物 汞、砷、硒、铋、锑的测定 微波消解/原子荧光法》（HJ 680—2013）	500 mL棕色玻璃瓶	每个样品1瓶，4℃以下冷藏保存	鲜样28 d
	氰化物	《土壤 氰化物和总氰化物的测定 分光光度法》（HJ 745—2015）			鲜样2 d
	SVOCs（51项）	《土壤和沉积物 半挥发性有机物的测定 气相色谱-质谱法》（HJ 834—2017）	250 mL棕色玻璃瓶	每个样品1瓶，4℃以下冷藏保存	鲜样10 d

续上表

样品类型	检测指标	检测方法	保存容器	保存条件	保存有效期
土壤样品	多氯联苯（18项）	《土壤和沉积物　多氯联苯的测定　气相色谱法》（HJ 922—2017）	250 mL棕色玻璃瓶	每个样品1瓶，4℃以下冷藏保存	14 d 内前处理，提取液40 d
	吡啶	"EPA Method 8270D Semivolatile Organic Compounds by Gas Chromatography/Mass Spectrometry（GC/MS）"			鲜样10 d
	干物质	《土壤　干物质和水分的测定　重量法》（HJ 613—2011）			—
	石油烃（C_{10}—C_{40}）	"Soil Quality – Determination of content of Hydrocarbon in the Range C_{10} to C_{40} by Gas Chromatography"（BS EN ISO 16703：2011）			14 d 内前处理，提取液40 d
	VOCs（52项）	《土壤和沉积物　挥发性有机物的测定　吹扫捕集/气相色谱－质谱法》（HJ 605—2011）	40 mL棕色玻璃瓶	每个样品5瓶，其中4瓶用于测定挥发性有机物，另1瓶用于测定含水率。用于测定挥发性有机物的样品每瓶约5 g，4℃以下冷藏保存	7 d

备注：

（1）SVOCs 52项包括：N－亚硝基二甲胺、苯酚、双（2－氯乙基）醚、2－氯苯酚、2－甲基苯酚、二（2－氯异丙基）醚、六氯乙烷、N－亚硝基二正丙胺、4－甲基苯酚、硝基苯、异佛尔酮、2,4－二甲基苯酚、二（2－氯乙氧基）甲烷、2,4－二氯苯酚、萘、4－氯苯胺、六氯丁二烯、4－氯－3－甲基苯酚、2－甲基萘、六氯环戊二烯、2,4,6－三氯苯酚、2,4,5－三氯苯酚、2－氯萘、2－硝基苯胺、2,6－二硝基甲苯、2,4－二硝基苯酚、苊、二苯并呋喃、4－硝基苯酚、2,4－二硝基甲苯、芴、邻苯二甲酸二乙酯、4－硝基苯胺、4,6－二硝基－2－甲基苯酚、偶氮苯、六氯苯、五氯苯酚、菲、蒽、邻苯二甲酸二正丁酯、荧蒽、芘、邻苯二甲酸丁基苄基酯、苯并（α）蒽、䓛、邻苯二甲酸二（2－二乙基己基）酯、邻苯二甲酸二正辛酯、苯并（b）荧蒽、苯并（k）荧蒽、苯并（α）芘、茚并（1,2,3－cd）芘、二苯并（ah）蒽、苯胺。

（2）VOCs 52项包括：二氯二氟甲烷、氯甲烷、氯乙烯、溴甲烷、氯乙烷、三氯氟甲烷、1,1－二氯乙烯、二氯甲烷、反式－1,2－二氯乙烯、1,1－二氯乙烷、顺式－1,2－二氯乙烯、溴氯甲烷、氯仿、1,1,1－三氯乙烷、四氯化碳、苯、1,2－二氯乙烷、三氯乙烯、1,2－二氯丙烷、二溴甲烷、一溴二氯甲烷、甲苯、1,1,2－三氯乙烷、四氯乙烯、1,3－二氯丙烷、二溴氯甲烷、1,2－二溴乙烷、氯苯、1,1,1,2－四氯乙烷、乙苯、1,1,2－三氯丙烷、间，对－二甲苯、邻－二甲苯、苯乙烯、溴仿、异丙苯、溴苯、1,1,2,2－四氯乙烷、1,2,3－三氯丙烷、正丙苯、2－氯甲苯、1,3,5－三甲基苯、4－氯甲苯、叔丁基苯、1,2,4－三甲基苯、仲丁基苯、1,4－二氯苯、正丁基苯、1,2－二氯苯、1,2－二溴－3－氯丙烷、1,2,4－三氯苯、1,2,3－三氯苯。

（3）多氯联苯 18 项包括：2,2′,3,4,4′,5,5′－七氯联苯、2,2′,3,4,4′,5′－六氯联苯、2,2′,4,4′,5,5′－六氯联苯、2,2′,4,5,5′－五氯联苯、2,2′,5,5′－四氯联苯、2,3,3′,4,4′,5,5′－七氯联苯、2,3,3′,4,4′,5′－六氯联苯、2,3,3′,4,4′－五氯联苯、2,3,4,4′,5－五氯联苯、2,3′,4,4′,5,5′－六氯联苯、2,3′,4,4′,5－五氯联苯、2,4,4′－三氯联苯、3,3′,4,4′,5,5′－六氯联苯、3,3′,4,4′,5－五氯联苯、3,3′,4,4′－四氯联苯、3,4,4′,5－四氯联苯、2,3,3′,4,4′,5－六氯联苯、2′,3,4,4′,5－五氯联苯。

（2）样品的流转。到达实验室后，送样者和接样者双方同时清点样品，即将样品逐件与样品登记表、样品标签和采样记录单进行核对，并在样品交接单上签字确认，样品交接单由双方各存一份备查。核对无误后，将样品分类、整理和包装后放于冷藏柜中。样品运输过程中均采用保温箱保存，保温箱内放置足量冰冻蓝冰，以保证样品对低温的要求，且严防样品的损失、混淆和沾污。

6. 实验室分析及质量控制

本项目严格按照分析方法的要求做好所有检测指标的质量控制措施，当方法标准、技术规范中明确了各质控措施实施要求时，应按其要求实施质控措施。未明确时，参考以下要求实施。

（1）每 20 个样品做 1 次室内空白试验。

（2）连续进样分析时，每分析 20 个样品测定一次校准曲线中间浓度点，确认分析仪器校准曲线是否发生显著变化。

（3）每个检测指标（除挥发性有机物外）均做平行双样分析。在每批次分析样品中，随机抽取 5% 的样品进行平行双样分析；当批次样品数 ≤20 时，随机抽取 2 个样品进行平行双样分析。

（4）当可获得与被测土壤或地下水样品基体相同或类似的有证标准物质时，在每批次样品分析时同步均匀插入有证标准物质样品进行分析。每批样品插入 5% 的有证标准物质样品；当批次样品数 ≤20 时，插入 2 个有证标准物质样品。

（5）当没有合适的土壤或地下水基体有证标准物质时，通过基体加标回收率试验对准确度进行控制。每批次样品中，随机抽取 5% 的样品进行加标回收率试验；当批次样品数 ≤20 时，随机抽取 2 个样品进行加标回收率试验。

（6）当方法标准要求进行有机污染物样品的替代物加标回收率试验时，应严格按照方法标准的要求实施。

本项目各项检测指标具体的分析方法以及采取的质量控制措施详见表 6－2－3。

表 6 - 2 - 3　实验室分析及质量控制措施

测试指标	分析方法	实验室质量控制措施				
		实验室空白	实验室平行	基体加标	标准样品（质控样）	替代物加标回收
pH	《土壤检测　第2部分：土壤 pH 的测定》（NY/T 1121.2—2006）	√	√	×	√	×
干物质	《土壤　干物质和水分的测定　重量法》（HJ 613—2011）	×	√	×	×	×
砷、汞	《土壤和沉积物　汞、砷、硒、铋、锑的测定　微波消解/原子荧光法》（HJ 680—2013）	√	√	√	√	×
镉	《土壤质量　铅、镉的测定　石墨炉原子吸收分光光度法》（GB/T 17141—1997）	√	√	√	√	×
铜	《土壤质量　铜、锌的测定　火焰原子吸收分光光度法》（GB/T 17138—1997）	√	√	√	√	×
铅	《土壤质量　铅、镉的测定　石墨炉原子吸收分光光度法》（GB/T 17141—1997）	√	√	√	√	×
镍	《土壤质量　镍的测定　火焰原子吸收分光光度法》（GB/T 17139—1997）	√	√	√	√	×
总铬	《土壤　总铬的测定　火焰原子吸收分光光度法》（HJ491—2009）	√	√	√	√	×
六价铬	《固体废物　六价铬的测定　碱消解/火焰原子吸收分光光度法》（HJ 687—2014）	√	√	√	×	×
VOCs（52 项）	《土壤和沉积物　挥发性有机物的测定　吹扫捕集/气相色谱－质谱法》（HJ 605—2011）	√	√	√	√	√
VOCs（51 项）	《土壤和沉积物　半挥发性有机物的测定　气相色谱－质谱法》（HJ 834—2017）	√	√	√	√	√

续上表

测试指标	分析方法	实验室质量控制措施				
		实验室空白	实验室平行	基体加标	标准样品（质控样）	替代物加标回收
多氯联苯（18项）	《土壤和沉积物 多氯联苯的测定 气相色谱法》（HJ 922—2017）	√	√	√	√	×
吡啶	"EPA Method 8270D Semivolatile Organic Compounds by Gas Chromatography/Mass Spectrometry（GC/MS）"	√	√	√	√	×
石油烃（C_{10}—C_{40}）	"Soil Quality – Determination of content of Hydrocarbon in the Range C_{10} to C_{40} by Gas Chromatography"（BS EN ISO 16703：2011）	√	√	√	√	×
氰化物	《土壤 氰化物和总氰化物的测定 分光光度法》（HJ 745—2015）	√	√	√	√	×
总氟化物	《土壤 水溶性氟化物和总氟化物的测定 离子选择电极法》（HJ 873—2017）	√	√	×	√	×

备注："√"表示实施该质控措施；"×"表示无须实施该质控措施。

7. 质量控制结果分析

本项目严格按照《土壤环境监测技术规范》（HJ/T 166—2004）、《广州市工业企业场地环境调查、治理修复及效果评估文件技术要点》（穗环办〔2018〕173 号）和《建设用地土壤污染风险管控和修复监测技术导则》（HJ 25.2—2019）等相关规定，现场采集了平行土壤样品，挥发性有机物设置全程序空白、运输空白；实验室分析主要采取实验室空白样、实验室平行样、加标回收、标准物质和替代物加标回收进行质量控制。

现场空白样和实验室空白样检测结果满足小于检出限的控制范围要求，现场空白样和实验室空白样质控结果为合格；平行样各指标检出值的相对偏差均在允许相对标准范围内；各指标的加标回收率满足加标回收率要求，加标回收率质控结果均为合格；标准样品/质控样品各指标的测定结果均满足对应的标准值及不确定度范围均在范围内，标准样品质控结果均为合格。

综合以上质控结果分析，土壤样品质量控制结果合格，本次场地调查的监测结果真实可信。

（本节内容由广州检验检测认证集团有限公司提供）

附　表

土壤样品检测质量控制措施实施情况统计表（示例）

检测指标	样品总个数	现场空白				运输空白				全程序空白				现场平行				实验室空白				实验室平行				加标回收				标准样品（质控样）					评价结果
		样品个数	样品比例/%	测定结果	控制范围	样品个数	样品比例/%	测定结果	控制范围	样品个数	样品比例/%	测定结果	控制范围	样品个数	样品比例/%	相对偏差范围/%	相对偏差控制范围/%	样品个数	样品比例/%	测定结果	控制范围	样品个数	样品比例/%	相对偏差范围/%	相对偏差控制范围/%	样品个数	样品比例/%	加标回收率范围/%	加标回收率控制范围/%	样品个数	样品比例/%	测定结果范围/%	标准值范围	单位	
pH	29	—	—	—	—	—	—	—	—	—	—	—	—	2	6.9	0.03(绝对相差)~0.08(绝对相差)	≤0.3(绝对相差)	4	12.9	6.60~7.44	5.00~7.50	4	12.9	0.01(绝对相差)~0.02(绝对相差)	≤0.3(绝对相差)	—	—	—	—	4	12.9	8.13~8.24	8.18±0.06	—	合格
总氟化物	25	—	—	—	—	—	—	—	—	—	—	—	—	2	8.0	4.1~12.5	≤20	4	14.8	ND	ND	4	14.8	1.7~3.1	≤20	—	—	—	—	4	14.8	537~555	548±16	mg/kg	合格
氧化物	16	—	—	—	—	—	—	—	—	—	—	—	—	2	12.5	—	≤25	4	22.2	ND	ND	2	11.1	0.6	≤5	2	11.1	89.0~92.5	70~120	2	11.1	94.3~98.9	96.2±3.96%	mg/L	合格
干物质	29	—	—	—	—	—	—	—	—	—	—	—	—	2	6.9	0.1~0.7(差的绝对值)	≤1.5(差的绝对值)	—	—	—	—	4	12.9	0.3~0.6(差的绝对值)	≤1.5(差的绝对值)	—	—	—	—	—	—	—	—	—	合格

续上表

检测指标	样品总数	现场空白 个数	现场空白 样品比例/%	现场空白 测定结果	现场空白 控制范围	运输空白 个数	运输空白 样品比例/%	运输空白 测定结果	运输空白 控制范围	全程序空白 个数	全程序空白 样品比例/%	全程序空白 测定结果	全程序空白 控制范围	现场平行 个数	现场平行 样品比例/%	现场平行 相对偏差范围/%	现场平行 相对偏差控制范围/%	实验室空白 个数	实验室空白 样品比例/%	实验室空白 测定结果	实验室空白 控制范围	实验室平行 个数	实验室平行 样品比例/%	实验室平行 相对偏差范围/%	实验室平行 相对偏差控制范围/%	加标回收 个数	加标回收 样品比例/%	加标回收 加标回收率范围/%	加标回收 加标回收率控制范围/%	标准样品(质控样) 个数	标准样品 样品比例/%	标准样品 测定结果范围	标准样品 标准值范围	单位	评价结果
六价铬	29	—	—	—	—	—	—	—	—	—	—	—	—	2	6.9	—	≤20	4	12.9	ND	ND	4	12.9	—	≤20	4	12.9	89.0~110	70~130	—	—	—	—	—	合格
砷	29	—	—	—	—	—	—	—	—	—	—	—	—	2	6.9	0.4~8.0	≤10	4	12.9	ND	低于方法测定下限	4	12.9	0.7~4.3；4.7~7.2	≤10；≤15	—	—	—	—	4	12.9	8.6~9.3	9.2±0.6	mg/kg	合格
汞	29	—	—	—	—	—	—	—	—	—	—	—	—	2	6.9	3.1~7.3	≤30	4	12.9	ND	低于方法测定下限	4	12.9	13.8~19.0；20.4	≤30；≤35	—	—	—	—	4	12.9	0.046~0.053	0.039~0.054	mg/kg	合格
镉	29	—	—	—	—	—	—	—	—	—	—	—	—	2	6.9	2.0~13.7	≤25	4	12.9	ND	ND	4	12.9	3.2~4.8	≤30	—	—	—	—	4	12.9	0.11~0.12	0.11±0.01	mg/kg	合格
镍	29	—	—	—	—	—	—	—	—	—	—	—	—	2	6.9	4.6~7.7	≤20	4	12.9	ND	ND	4	12.9	0.4~10.0	≤20	—	—	—	—	4	12.9	26~29	27±15%(RE)	mg/kg	合格
铜	29	—	—	—	—	—	—	—	—	—	—	—	—	2	6.9	0.7~8.3	≤20	4	12.9	ND	ND	4	12.9	0.0~3.4	≤20	—	—	—	—	4	12.9	19~22	21±15%(RE)	mg/kg	合格
铅	29	—	—	—	—	—	—	—	—	—	—	—	—	2	6.9	4.4~10.0	≤20	4	12.9	ND	ND	4	12.9	1.1~4.7	≤20	—	—	—	—	4	12.9	22~23	22±15%(RE)	mg/kg	合格
铬	29	—	—	—	—	—	—	—	—	—	—	—	—	2	6.9	3.0~12.4	≤20	4	12.9	ND	ND	4	12.9	4.5~6.5	≤20	—	—	—	—	4	12.9	51~60	56±15%(RE)	mg/kg	合格

续上表

检测指标	样品总数	现场空白				运输空白				全程序空白				现场平行				实验室空白				实验室平行				加标回收				标准样品（质控样）					评价结果
		样品个数	比例/%	测定结果	控制范围	样品个数	比例/%	测定结果	控制范围	样品个数	比例/%	测定结果	控制范围	样品个数	比例/%	相对偏差范围/%	相对偏差控制范围/%	样品个数	比例/%	测定结果	控制范围	样品个数	比例/%	相对偏差范围/%	相对偏差控制范围/%	样品个数	比例/%	加标回收率范围/%	加标回收率控制范围/%	样品个数	比例/%	测定结果范围	标准值范围	单位	
锌	21	—				—				—				2	9.5	7.9~14.2	≤20	4	17.4	ND	低于方法测定下限	4	17.4	1.3~5.4	≤20	—				4	17.4	56~62	59±15(RE)	mg/kg	合格
铍	8	—				—				—				1	12.5	0.0	≤20	2	22.2	ND	低于方法测定下限	1	11.1	1.0	≤20	—				2	22.2	2.3	2.3±0.2	mg/kg	合格
钒	8	—				—				—				1	12.5	13.2	≤30	4	44.4	ND	低于方法测定下限	2	22.2	0.7~1.3	≤30	3	33.3	88.4~116	70~125	—				—	合格
钴	8	—				—				—				1	12.5	10.1	≤30	4	44.4	ND	低于方法测定下限	2	22.2	1.5~5.1	≤30	3	33.3	81.2~86.4	70~125	—				—	合格
锑	8	—				—				—				1	12.5	0.0	≤40	4	44.4	ND	低于方法测定下限	2	22.2	0.0~11.1	≤40	3	33.3	82.1~115	50~125	—				—	合格
石油烃（C_{10}~C_{40}）	25	—				—				—				2	8.0	2.3~3.9	≤25	2	7.4	ND	ND	4	14.8	0.8~2.6	≤25	6	22.2	85.8~101	70~120	3	11.1	2175~2754	1120~4100	mg/kg	合格

续上表

检测指标	样品总数	现场空白 个数	样品比例/%	测定结果	控制范围	运输空白 个数	样品比例/%	测定结果	控制范围	全程序空白 个数	样品比例/%	测定结果	控制范围	现场平行 个数	样品比例/%	相对偏差范围/%	相对偏差控制范围/%	实验室空白 个数	样品比例/%	测定结果	控制范围	实验室平行 个数	样品比例/%	相对偏差范围/%	相对偏差控制范围/%	加标回收 个数	样品比例/%	加标回收率范围/%	加标回收率控制范围/%	标准样品(质控样) 个数	样品比例/%	测定结果范围	标准值范围	单位	评价结果
2,4,4'-三氯联苯 (PCB28)	4	—	—	—	—	—	—	—	—	—	—	—	—	1	25.0	—	≤20	1	20.0	ND	ND	2	40.0	—	≤20	2	40.0	72.4 / 101	65.0~120 / 60.0~120	1	20.0	198	103~375	μg/kg	合格
2,2',5,5'-四氯联苯 (PCB52)	4	—	—	—	—	—	—	—	—	—	—	—	—	1	25.0	—	≤20	1	20.0	ND	ND	2	40.0	—	≤20	2	40.0	108 / 102	65.0~120 / 60.0~120	1	20.0	189	80.4~291	μg/kg	合格
2,2',4,5,5'-五氯联苯 (PCB101)	4	—	—	—	—	—	—	—	—	—	—	—	—	1	25.0	—	≤20	1	20.0	ND	ND	2	40.0	—	≤20	2	40.0	69.2 / 70.2	65.0~120 / 60.0~120	1	20.0	197	106~384	μg/kg	合格
3,4,4',5-四氯联苯 (PCB81)	4	—	—	—	—	—	—	—	—	—	—	—	—	1	25.0	—	≤20	1	20.0	ND	ND	2	40.0	—	≤20	2	40.0	65.4 / 75.5	65.0~120 / 60.0~120	1	20.0	154	80.5~292	μg/kg	合格
3,3',4,4'-四氯联苯 (PCB77)	4	—	—	—	—	—	—	—	—	—	—	—	—	1	25.0	—	≤20	1	20.0	ND	ND	2	40.0	—	≤20	2	40.0	68.0 / 75.3	65.0~120 / 60.0~120	1	20.0	331	178~645	μg/kg	合格
2',3,4,4',5-五氯联苯 (PCB123)	4	—	—	—	—	—	—	—	—	—	—	—	—	1	25.0	—	≤20	1	20.0	ND	ND	2	40.0	—	≤20	2	40.0	76.8 / 84.5	65.0~120 / 60.0~120	1	20.0	134	93.0~337	μg/kg	合格

续上表

检测指标	样品总数/个数	现场空白 样品个数	现场空白 样品比例/%	现场空白 测定结果	现场空白 控制范围	运输空白 样品个数	运输空白 样品比例/%	运输空白 测定结果	运输空白 控制范围	全程序空白 样品个数	全程序空白 样品比例/%	全程序空白 测定结果	全程序空白 控制范围	现场平行 样品个数	现场平行 样品比例/%	现场平行 相对偏差范围/%	现场平行 相对偏差控制范围/%	实验室空白 样品个数	实验室空白 样品比例/%	实验室空白 测定结果	实验室空白 控制范围	实验室平行 样品个数	实验室平行 样品比例/%	实验室平行 相对偏差范围/%	实验室平行 相对偏差控制范围/%	加标回收 样品个数	加标回收 样品比例/%	加标回收率范围/%	加标回收率控制范围/%	标准样品(质控样) 样品个数	标准样品 样品比例/%	测定结果范围	标准值范围	单位	评价结果
2,3',4,4',5'-五氯联苯(PCB118)	4	—	—											1	25.0	—	≤20	1	20.0	ND	ND	2	40.0	—	≤20	2	40.0	66.8~70.5	65.0~120 / 60.0~120	1	20.0	305	121~438	μg/kg	合格
2,3,4,4',5'-五氯联苯(PCB114)	4	—	—											1	25.0	—	≤20	1	20.0	ND	ND	2	40.0	—	≤20	2	40.0	68.8~76.6	65.0~120 / 60.0~120	1	20.0	158	83.2~302	μg/kg	合格
2,2',4,4',5,5'-六氯联苯(PCB153)	4	—	—											1	25.0	—	≤20	1	20.0	ND	ND	2	40.0	—	≤20	2	40.0	69.2~75.5	65.0~120 / 60.0~120	1	20.0	397	200~724	μg/kg	合格
2,3,3',4,4'-五氯联苯(PCB105)	4	—	—											1	25.0	—	≤20	1	20.0	ND	ND	2	40.0	—	≤20	2	40.0	70.0~76.2	65.0~120 / 60.0~120	1	20.0	183	97.4~353	μg/kg	合格
2,2',3,4,4',5'-六氯联苯(PCB138)	4	—	—											1	25.0	—	≤20	1	20.0	ND	ND	2	40.0	—	≤20	2	40.0	72.0~80.3	65.0~120 / 60.0~120	1	20.0	208	106~384	μg/kg	合格
3,3',4,4',5-五氯联苯(PCB126)	4	—	—											1	25.0	—	≤20	1	20.0	ND	ND	2	40.0	—	≤20	2	40.0	66.4~77.3	65.0~120 / 60.0~120	1	20.0	169	100~361	μg/kg	合格

续上表

检测指标	样品总数	现场空白 个数	现场空白 样品比例/%	现场空白 测定结果	现场空白 控制范围	运输空白 个数	运输空白 样品比例/%	运输空白 测定结果	运输空白 控制范围	全程序空白 个数	全程序空白 样品比例/%	全程序空白 测定结果	全程序空白 控制范围	现场平行 个数	现场平行 样品比例/%	现场平行 相对偏差范围/%	现场平行 相对偏差控制范围/%	实验室空白 个数	实验室空白 样品比例/%	实验室空白 测定结果	实验室空白 控制范围	实验室平行 个数	实验室平行 样品比例/%	实验室平行 相对偏差范围/%	实验室平行 相对偏差控制范围/%	加标回收 个数	加标回收 样品比例/%	加标回收率范围/%	加标回收率控制范围/%	标准样品(质控样) 个数	标准样品 样品比例/%	标准样品 测定结果范围	标准样品 标准值范围	标准样品 单位	评价结果
2,3',4,4',5,5'-六氯联苯(PCB167)	4	—	—											1	25.0	—	≤20	1	20.0	ND	ND	2	40.0	—	≤20	2	40.0	76.6 / 85.2	65.0~120 / 60.0~120	1	20.0	214	111~401	μg/kg	合格
2,3,3',4,4',5'-六氯联苯(PCB156)	4	—	—											1	25.0	—	≤20	1	20.0	ND	ND	2	40.0	—	≤20	2	40.0	66.4 / 70.6	65.0~120 / 60.0~120	1	20.0	145	82.2~298	μg/kg	合格
2,3,3',4,4',5-六氯联苯(PCB157)	4	—	—											1	25.0	—	≤20	1	20.0	ND	ND	2	40.0	—	≤20	2	40.0	75.0 / 85.1	65.0~120 / 60.0~120	1	20.0	195	101~367	μg/kg	合格
2,2',3,4,4',5,5'-七氯联苯(PCB180)	4	—	—											1	25.0	—	≤20	1	20.0	ND	ND	2	40.0	—	≤20	2	40.0	76.6 / 80.5	65.0~120 / 60.0~120	1	20.0	195	96.1~348	μg/kg	合格
3,3',4,4',5,5'-六氯联苯(PCB169)	4	—	—											1	25.0	—	≤20	1	20.0	ND	ND	2	40.0	—	≤20	2	40.0	70.2 / 86.5	65.0~120 / 60.0~120	1	20.0	184	101~364	μg/kg	合格
2,3,3',4,4',5,5'-七氯联苯(PCB189)	4	—	—											1	25.0	—	≤20	1	20.0	ND	ND	2	40.0	—	≤20	2	40.0	68.5 / 70.1	65.0~120 / 60.0~120	1	20.0	166	85.5~310	μg/kg	合格
氯甲烷	29	—	—			2	6.9	ND	ND	2	6.9	ND	ND	2	6.9	—	≤25	3	8.6	ND	ND											—	—	—	合格

续上表

检测指标	样品总数	现场空白 样品个数	比例/%	测定结果	控制范围	运输空白 样品个数	比例/%	测定结果	控制范围	全程空白 样品个数	比例/%	测定结果	控制范围	现场平行 样品个数	比例/%	相对偏差范围/%	相对偏差控制范围/%	实验室空白 样品个数	比例/%	测定结果	控制范围	实验室平行 样品个数	比例/%	相对偏差范围/%	相对偏差控制范围/%	加标回收 样品个数	比例/%	加标回收率范围/%	加标回收率控制范围/%	标准样品(质控样) 样品个数	比例/%	测定结果范围	标准值范围	单位	评价结果
氯乙烯	29	—	—	—	—	2	6.9	ND	ND	2	6.9	ND	ND	2	6.9	—	≤25	3	8.6	ND	ND	—	—	—	—	—	—	—	—	—	—	—	—	—	合格
1,1-二氯乙烯	29	—	—	—	—	2	6.9	ND	ND	2	6.9	ND	ND	2	6.9	—	≤25	3	8.6	ND	ND	—	—	—	—	—	—	—	—	3	8.6	4217~5547	3930~11800	μg/kg	合格
二氯甲烷	29	—	—	—	—	2	6.9	ND	ND	2	6.9	ND	ND	2	6.9	—	≤25	3	8.6	ND	ND	—	—	—	—	—	—	—	—	3	8.6	2300~4008	1920~4480	μg/kg	合格
反式-1,2-二氯乙烯	29	—	—	—	—	2	6.9	ND	ND	2	6.9	ND	ND	2	6.9	—	≤25	3	8.6	ND	ND	—	—	—	—	—	—	—	—	3	8.6	4379~6488	4360~10200	μg/kg	合格
1,1-二氯乙烷	29	—	—	—	—	2	6.9	ND	ND	2	6.9	ND	ND	2	6.9	—	≤25	3	8.6	ND	ND	—	—	—	—	—	—	—	—	3	8.6	893~1119	841~1750	μg/kg	合格
顺式-1,2-二氯乙烯	29	—	—	—	—	2	6.9	ND	ND	2	6.9	ND	ND	2	6.9	—	≤25	3	8.6	ND	ND	—	—	—	—	—	—	—	—	3	8.6	3811~5739	3670~8570	μg/kg	合格
氯仿	29	—	—	—	—	2	6.9	ND	ND	2	6.9	ND	ND	2	6.9	—	≤25	3	8.6	ND	ND	—	—	—	—	—	—	—	—	3	8.6	5611~6080	5570~10400	μg/kg	合格
1,1,1-三氯乙烷	29	—	—	—	—	2	6.9	ND	ND	2	6.9	ND	ND	2	6.9	—	≤25	3	8.6	ND	ND	—	—	—	—	—	—	—	—	3	8.6	2934~4287	2570~6010	μg/kg	合格
四氯化碳	29	—	—	—	—	2	6.9	ND	ND	2	6.9	ND	ND	2	6.9	—	≤25	3	8.6	ND	ND	—	—	—	—	—	—	—	—	—	—	—	—	—	合格
苯	29	—	—	—	—	2	6.9	ND	ND	2	6.9	ND	ND	2	6.9	—	≤25	3	8.6	ND	ND	—	—	—	—	—	—	—	—	3	8.6	3979~4287	3570~5950	μg/kg	合格

续上表

检测指标	样品总数	现场空白				运输空白				全程序空白				现场平行				实验室空白				实验室平行				加标回收				标准样品（质控样）					评价结果
		样品个数	样品比例/%	测定结果	控制范围	样品个数	样品比例/%	测定结果	控制范围	样品个数	样品比例/%	测定结果	控制范围	样品个数	样品比例/%	相对偏差范围/%	相对偏差控制范围/%	样品个数	样品比例/%	测定结果	控制范围	样品个数	样品比例/%	相对偏差范围/%	相对偏差控制范围/%	样品个数	样品比例/%	加标回收率范围/%	加标回收率控制范围/%	样品个数	样品比例/%	测定结果范围	标准值范围	单位	
1,2-二氯乙烷	29			—		2	6.9	ND	ND	2	6.9	ND	ND	2	6.9	—	≤25	3	8.6	ND	ND			—				—	—	3	8.6	1789～2037	1380～2740	μg/kg	合格
三氯乙烯	29			—		2	6.9	ND	ND	2	6.9	ND	ND	2	6.9	—	≤25	3	8.6	ND	ND			—				—	—	3	8.6	4324～6119	3950～7030	μg/kg	合格
1,2-二氯丙烷	29			—		2	6.9	ND	ND	2	6.9	ND	ND	2	6.9	—	≤25	3	8.6	ND	ND			—				—	—	—		—	—	—	合格
甲苯	29			—		2	6.9	ND	ND	2	6.9	ND	ND	2	6.9	—	≤25	3	8.6	ND	ND			—				—	—	3	8.6	2951～3670	2710～4520	μg/kg	合格
1,1,2-三氯乙烷	29			—		2	6.9	ND	ND	2	6.9	ND	ND	2	6.9	—	≤25	3	8.6	ND	ND			—				—	—	3	8.6	4838～7654	4340～9010	μg/kg	合格
四氯乙烯	29			—		2	6.9	ND	ND	2	6.9	ND	ND	2	6.9	—	≤25	3	8.6	ND	ND			—				—	—	—		—	—	—	合格
氯苯	29			—		2	6.9	ND	ND	2	6.9	ND	ND	2	6.9	—	≤25	3	8.6	ND	ND			—				—	—	3	8.6	3099～3294	2270～3780	μg/kg	合格
1,1,1,2-四氯乙烷	29			—		2	6.9	ND	ND	2	6.9	ND	ND	2	6.9	—	≤25	3	8.6	ND	ND			—				—	—	3	8.6	4857～5628	2680～6540	μg/kg	合格
乙苯	29			—		2	6.9	ND	ND	2	6.9	ND	ND	2	6.9	—	≤25	3	8.6	ND	ND			—				—	—	3	8.6	2406～2482	2020～3760	μg/kg	合格
间,对-二甲苯	29			—		2	6.9	ND	ND	2	6.9	ND	ND	2	6.9	—	≤25	3	8.6	ND	ND			—				—	—	—		—	—	—	合格
邻-二甲苯	29			—		2	6.9	ND	ND	2	6.9	ND	ND	2	6.9	—	≤25	3	8.6	ND	ND			—				—	—	—		—	—	—	合格

续上表

检测指标	样品总数/个数	现场空白 样品比例/%	现场空白 测定结果	运输空白 个数	运输空白 样品比例/%	运输空白 测定结果	运输空白 控制范围	全程序空白 个数	全程序空白 样品比例/%	全程序空白 测定结果	全程序空白 控制范围	现场平行 个数	现场平行 样品比例/%	现场平行 相对偏差范围/%	现场平行 相对偏差控制范围/%	实验室空白 样品比例/% 个数	实验室空白 样品比例/%	实验室空白 测定结果	实验室空白 控制范围	实验室平行 个数	实验室平行 样品比例/%	实验室平行 相对偏差范围/%	实验室平行 相对偏差控制范围/%	加标回收 个数	加标回收 样品比例/%	加标回收 加标回收率范围/%	加标回收 加标回收率控制范围/%	标准样品(质控样) 个数	标准样品 样品比例/%	标准样品 测定结果范围	标准样品 标准值范围	标准样品 单位	评价结果
二甲苯	29	—	—	2	6.9	ND	ND	2	6.9	ND	ND	2	6.9	—	—	3	8.6	ND	ND	—	—	—	—	—	—	—	—	3	8.6	16721~17449	8820~16400	μg/kg	合格
苯乙烯	29	—	—	2	6.9	ND	ND	2	6.9	ND	ND	2	6.9	—	≤25	3	8.6	ND	ND	—	—	—	—	—	—	—	—	—	—	—	—	—	合格
1,1,2,2-四氯乙烷	29	—	—	2	6.9	ND	ND	2	6.9	ND	ND	2	6.9	—	≤25	3	8.6	ND	ND	—	—	—	—	—	—	—	—	3	8.6	9679~11790	6470~13100	μg/kg	合格
1,2,3-三氯丙烷	29	—	—	2	6.9	ND	ND	2	6.9	ND	ND	2	6.9	—	≤25	3	8.6	ND	ND	—	—	—	—	—	—	—	—	3	8.6	4788~8412	3430~9050	μg/kg	合格
1,4-二氯苯	29	—	—	2	6.9	ND	ND	2	6.9	ND	ND	2	6.9	—	≤25	3	8.6	ND	ND	—	—	—	—	—	—	—	—	3	8.6	4982~5176	4040~6430	μg/kg	合格
1,2-二氯苯	29	—	—	2	6.9	ND	ND	2	6.9	ND	ND	2	6.9	—	≤25	3	8.6	ND	ND	—	—	—	—	—	—	—	—	3	8.6	2608~3332	2090~3490	μg/kg	合格
二溴氟甲烷	—	—	—	—	—	—	—	—	—	—	—	—	—	—	—	—	—	—	—	—	—	—	—	4	11.4	2.7~5.5(RD)	±25(RD)	—	—	—	—	—	合格
甲苯-D8	—	—	—	—	—	—	—	—	—	—	—	—	—	—	—	—	—	—	—	—	—	—	—	4	11.4	3.9~20.9(RD)	±25(RD)	—	—	—	—	—	合格
4-溴氟苯	—	—	—	—	—	—	—	—	—	—	—	—	—	—	—	—	—	—	—	—	—	—	—	4	11.4	8.8~14.2(RD)	±25(RD)	—	—	—	—	—	合格

续上表

检测指标	样品总数	现场空白 样品比例/%	现场空白 测定结果	现场空白 控制范围	运输空白 样品个数	运输空白 样品比例/%	运输空白 测定结果	运输空白 控制范围	全程空白 样品比例/%	全程空白 测定结果	全程空白 控制范围	现场平行 样品个数	现场平行 样品比例/%	现场平行 相对偏差范围/%	现场平行 相对偏差控制范围/%	实验室空白 样品个数	实验室空白 样品比例/%	实验室空白 测定结果	实验室空白 控制范围	实验室平行 样品个数	实验室平行 样品比例/%	实验室平行 相对偏差范围/%	实验室平行 相对偏差控制范围/%	加标回收 样品个数	加标回收 样品比例/%	加标回收 加标回收率范围/%	加标回收 加标回收率控制范围/%	标准样品(质控样) 样品个数	标准样品(质控样) 样品比例/%	标准样品(质控样) 测定结果范围	标准样品(质控样) 标准值范围	标准样品(质控样) 单位	评价结果
苯胺	29	—	—	—	—	—	—	—	—	—	—	2	6.9	—	<40	2	6.5	ND	ND	4	12.9	—	<40	4	12.9	75.1~82.5	100±40	—	—	—	—	—	合格
2-氯苯酚	29	—	—	—	—	—	—	—	—	—	—	2	6.9	—	<40	2	6.5	ND	ND	4	12.9	—	<40	4	12.9	70.8~84.5	61±26	—	—	—	—	—	合格
硝基苯	29	—	—	—	—	—	—	—	—	—	—	2	6.9	—	<40	2	6.5	ND	ND	4	12.9	—	<40	4	12.9	78.6~84.9	64±25	—	—	—	—	—	合格
萘	29	—	—	—	—	—	—	—	—	—	—	2	6.9	20.0	<40	2	6.5	ND	ND	4	12.9	—	<40	4	12.9	68.1~80.6	67±28	2	6.5	2.22~2.46	1.81~5.43	mg/kg	合格
苊烯	29	—	—	—	—	—	—	—	—	—	—	2	6.9	—	<40	2	6.5	ND	ND	4	12.9	—	<40	4	12.9	77.0~83.8	74±18	2	6.5	2.22~2.26	1.94~5.81	mg/kg	合格
苊	29	—	—	—	—	—	—	—	—	—	—	2	6.9	—	<40	2	6.5	ND	ND	4	12.9	—	<40	4	12.9	73.8~81.6	70±34	2	6.5	3.02~3.55	1.91~5.74	mg/kg	合格
芴	29	—	—	—	—	—	—	—	—	—	—	2	6.9	20.0	<40	2	6.5	ND	ND	4	12.9	—	<40	4	12.9	78.3~83.3	83±12	2	6.5	3.17~3.71	1.89~5.67	mg/kg	合格
菲	29	—	—	—	—	—	—	—	—	—	—	2	6.9	16.7	<40	2	6.5	ND	ND	4	12.9	—	<40	4	12.9	67.9~86.3	100±40	2	6.5	3.35~3.74	1.98~5.94	mg/kg	合格

续上表

检测指标	样品总个数	现场空白 个数	现场空白 样品比例/%	现场空白 测定结果	现场空白 控制范围	运输空白 样品比例/%	运输空白 测定结果	运输空白 控制范围	全程序空白 个数	全程序空白 样品比例/%	全程序空白 测定结果	全程序空白 控制范围	现场平行 个数	现场平行 样品比例/%	现场平行 相对偏差范围/%	现场平行 相对偏差控制范围/%	实验室空白 个数	实验室空白 样品比例/%	实验室空白 测定结果	实验室空白 控制范围	实验室平行 个数	实验室平行 样品比例/%	实验室平行 相对偏差范围/%	实验室平行 相对偏差控制范围/%	加标回收 个数	加标回收 样品比例/%	加标回收率范围/%	加标回收率控制范围/%	标准样品(质控样) 个数	标准样品 样品比例/%	标准样品 测定结果范围	标准样品 标准值范围	单位	评价结果
蒽	29		—			—				—			2	6.9	0.0	<40	2	6.5	ND	ND	4	12.9	—	<40	4	12.9	75.0~86.0	83±18	2	6.5	2.22~2.52	1.99~5.96	mg/kg	合格
荧蒽	29		—			—				—			2	6.9	15.8	<40	2	6.5	ND	ND	4	12.9	—	<40	4	12.9	70.4~86.4	91±28	2	6.5	3.59~3.93	1.78~5.35	mg/kg	合格
芘	29		—			—				—			2	6.9	0.0	<40	2	6.5	ND	ND	4	12.9	—	<40	4	12.9	77.4~80.9	97±20	2	6.5	3.22~3.37	2.13~6.40	mg/kg	合格
苯并(a)蒽	29		—			—				—			2	6.9	11.1	<40	2	6.5	ND	ND	4	12.9	—	<40	4	12.9	75.8~82.9	97±24	2	6.5	3.02~3.30	1.90~5.71	mg/kg	合格
菌	29		—			—				—			2	6.9	14.3	<40	2	6.5	ND	ND	4	12.9	—	<40	4	12.9	67.0~80.9	88±34	2	6.5	2.84~3.10	2.12~6.36	mg/kg	合格
苯并(b)荧蒽	29		—			—				—			2	6.9	11.1	<40	2	6.5	ND	ND	4	12.9	—	<40	4	12.9	70.1~79.8	95±36	2	6.5	2.42~3.16	1.77~5.32	mg/kg	合格
苯并(k)荧蒽	29		—			—				—			2	6.9	14.3	<40	2	6.5	ND	ND	4	12.9	—	<40	4	12.9	81.1~83.9	94±20	2	6.5	3.09~3.91	1.80~5.40	mg/kg	合格
苯并(a)芘	29		—			—				—			2	6.9	11.1	<40	2	6.5	ND	ND	4	12.9	—	<40	4	12.9	74.0~82.0	75±30	2	6.5	2.53~3.53	1.80~5.40	mg/kg	合格
茚并[1,2,3-cd]芘	29		—			—				—			2	6.9	14.3	<40	2	6.5	ND	ND	4	12.9	—	<40	4	12.9	71.8~84.8	92±40	2	6.5	2.63~2.79	1.84~5.53	mg/kg	合格

续上表

检测指标	样品总个数	现场空白				运输空白				全程序空白				现场平行				实验室空白				实验室平行				加标回收				标准样品(质控样)					评价结果
		个数	样品比例/%	测定结果	控制范围/%	个数	样品比例/%	测定结果	控制范围/%	个数	样品比例/%	测定结果	控制范围/%	个数	样品比例/%	相对偏差范围/%	相对偏差控制范围/%	个数	样品比例/%	测定结果	控制范围/%	个数	样品比例/%	相对偏差范围/%	相对偏差控制范围/%	个数	样品比例/%	加标回收率范围/%	加标回收率控制范围/%	个数	样品比例/%	测定结果范围	标准值范围	单位	
二苯并[a, h]蒽	29	—	—	—	—	—	—	—	—	—	—	—	—	2	6.9	—	<40	2	6.5	ND	ND	4	12.9	—	<40	4	12.9	68.4~82.4	96±32	2	6.5	2.32~3.24	2.07~6.20	mg/kg	合格
苯并[ghi]苝	29	—	—	—	—	—	—	—	—	—	—	—	—	2	6.9	0.0	<40	2	6.5	ND	ND	4	12.9	—	<40	4	12.9	65.8~79.6	87±38	2	6.5	2.98	1.87~5.60	mg/kg	合格

备注：

(1) 测定值为"ND"时，代表测定值低于方法检出限。

(2) 空白样的测定值均为ND时，其测定值范围用表示示成"ND"。

(3) "空白样测定结果、控制范围"为ND代表空白结果控制范围为低于方法检出限。

(4) 当测定结果和控制范围均为"/"代表无实施该项质控措施。

(5) 当相对偏差范围为"/"，而相对偏差控制范围不为"/"时，代表其测定值均为ND，且均无计算该指标平行样的相对偏差。

(6) 若该检测指标平行样的测定值不全为ND时，仅统计计算了具体相对偏差值的相对偏差范围。

(7) RD代表相对偏差，RE代表相对误差。

(8) 二甲苯中包含二甲苯，对-二甲苯，对、邻二甲苯间，对二甲苯。

(9) 现场空白、运输空白、全程序空白和现场平行样的比例的计算为个数/样品总数×100%。

(10) 实验室空白、实验室平行、加标回收、加标回收率范围和标准样品（质控样）的比例为个数/（样品总数+设备空白+运输空白+全程序空白+运输空白+全程序空白）（最多20个）中要求每批样品，HJ 605—2011中替代物相对偏差应在25%以内；选择一个样品进行平行分析或该样品的加标分析，若初步判定样品中不含有目标物，则分析该样品的加标样品，该样品及加标样品中替代物相对偏差应在25%以内。

(11) 二溴甲烷、甲苯-D₈和4-溴氟苯是选择发挥有挥发性有机物指标的替代物，平行样中替代物相对偏差应在25%以内。

(12) 各质控样的评价依据主要参考《土壤环境监测技术规范》（HJ/T 166—2004）及相关分析方法要求。

参考文献

[1] 中国环境监测总站. 土壤环境监测技术 [M]. 北京：中国环境出版社，2013.

[2] 范拴喜. 土壤重金属污染与控制 [M]. 北京：中国环境科学出版社，2011.

[3] 罗立强，詹秀春，李国会. X 射线荧光光谱仪 [M]. 北京：化学工业出版社，2008.

[4] 夏玉宇. 化验员实用手册 [M]. 3 版. 北京：化学工业出版社，2012.

[5] 中国环境监测总站. 土壤环境监测技术要点分析 [M]. 北京：中国环境出版社，2017.

[6] 中国冶金百科全书总编辑委员会《金属材料》卷编辑委员会. 中国冶金百科全书·金属材料 [M]. 北京：冶金工业出版社，2001.

[7] 多克辛. 土壤优控污染物监测方法 [M]. 北京：中国环境科学出版社，2012.

[8] 王燕，李贤庆，宋志宏，等. 土壤重金属污染及生物修复研究进展 [J]. 安全与环境学报，2009（3）：60 - 65.

[9] 晏龙辉. 土壤重金属铬污染分析及修复技术 [J]. 科学时代，2013（1）：1 - 3.

[10] 崔雯雯，王小利，段建军，等. 土壤中重金属镉与汞污染修复的研究进展 [J]. 贵州农业科学，2011（7）：225 - 228.

[11] 窦梦雪，吕丰宏，陈松，等. 铜、镍污染的生态修复技术研究进展 [J]. 自然科学（文摘版），2017（10）：127.

[12] 李雯，杜秀月. 原子吸收光谱法及其应用 [J]. 盐湖研究，2003，11（4）：67 - 72.

[13] 曾义. ICP - MS 法与 ICP - AES 法测定土壤中重金属元素方法比较 [J]. 科学与财富，2016，8（5）：38.

[14] 王锐. 原子荧光光度计在检定/校准中常见问题浅探 [J]. 广东科技，2005（5）：60.

[15] 刘星，张莘民. 气相色谱/光离子化检测器简介 [J]. 环境监测管理与技术，1997（4）：42 - 44.

[16] 张荣，张玉钧，章炜，等. 土壤重金属铅元素的 X 射线荧光光谱测量分析 [J].

光谱学与光谱分析, 2013 (2): 554-557.

[17] 生态环境部土壤生态环境司、法规与标准司. 建设用地土壤污染风险管控和修复术语: HJ 682—2019 [S]. 北京: 中国环境出版集团, 2019.

[18] 中国城市规划设计研究院. 城市用地分类与规划建设用地标准: GB 50137—2011 [S]. 北京: 中国建筑工业出版社, 2011.

[19] 生态环境部土壤环境管理司、科技标准司. 土壤环境质量建设用地土壤污染风险管控标准 (试行): GB 36600—2018 [S]. 北京: 中国环境科学出版社, 2018.

[20] 生态环境部土壤生态环境司、法规与标准司. 建设用地土壤污染状况调查技术导则: HJ 25.1—2019 [S]. 北京: 中国环境出版集团, 2019.

[21] 生态环境部土壤生态环境司、法规与标准司. 建设用地土壤污染风险管控和修复监测技术导则: HJ 25.2—2019 [S]. 北京: 中国环境出版集团, 2019.

[22] 生态环境部土壤生态环境司、法规与标准司. 建设用地土壤污染风险评估技术导则: HJ 25.3—2019 [S]. 北京: 中国环境出版集团, 2019.

[23] 生态环境部土壤生态环境司、法规与标准司. 建设用地土壤修复技术导则: HJ 25.4—2019 [S]. 北京: 中国环境出版集团, 2019.

[24] 生态环境部生态环境监测司、法规与标准司. 地块土壤和地下水中挥发性有机物采样技术导则: HJ 1019—2019 [S]. 北京: 中国环境科学出版社, 2019.

[25] 广州市市场监督管理局和广州市生态环境局. 建设用地土壤污染防治 第3部分: 土壤重金属监测质量保证与质量控制技术规范: DB4401/T-102.3-2020 [S/OL]. [2020-5-25]. http://scjgj.gz.gov.cn/attachment/6/6673/6673280/6872150.pdf.

[26] 广州市市场监督管理局和广州市生态环境局. 建设用地土壤污染防治 第4部分: 土壤挥发性有机物监测质量保证与质量控制技术规范: DB4401/T-102.4-2020 [S/OL]. [2020-5-25]. http://scjgj.gz.gov.cn/attachment/6/6673/6673281/6872150.pdf.

[27] 环境保护部科技标准司. 土壤和沉积物 挥发性有机物的测定 吹扫捕集/气相色谱-质谱法: HJ 605—2011 [S]. 北京: 中国环境科学出版社, 2011.

[28] 环境监测司、科技标准司. 土壤 pH 的测定 电位法: HJ 962—2018 [S]. 北京: 中国环境出版集团, 2018.

[29] 中华人民共和国农业部. 土壤 pH 的测定: NY/T 1377—2007 [S]. 北京: 中国农业出版社, 2007.

[30] 中华人民共和国农业部. 土壤检测 第6部分: 土壤有机质的测定: NY/T 1121.6—2006 [S]. 北京: 中国农业出版社, 2006.

［31］环境保护部科技标准司. 土壤 干物质和水分的测定 重量法：HJ 613—2011 ［S］. 北京：中国环境科学出版社，2011.

［32］生态环境部生态环境监测司、法规与标准司. 土壤和沉积物 铜、锌、铅、镍、铬的测定 火焰原子吸收分光光度法：HJ491—2019 ［S］. 北京：中国环境出版集团，2019.

［33］环境保护部科技标准司. 土壤 氰化物和总氰化物的测定 分光光度法：HJ 745—2015 ［S］. 北京：中国环境科学出版社，2015.

［34］环境保护部科技标准司. 土壤和沉积物 汞、砷、硒、铋、锑的测定 微波消解/原子荧光法：HJ 680—2013 ［S］. 北京：中国环境科学出版社，2013.

［35］生态环境部生态环境监测司、法规与标准司. 土壤和沉积物 六价铬的测定 碱溶液提取–火焰原子吸收分光光度法：HJ 1082—2019 ［S］. 北京：中国环境出版集团，2019.

［36］环境保护部科技标准司. 土壤和沉积物 无机元素的测定 波长色散 X 射线荧光光谱法：HJ 780—2015 ［S］. 北京：中国环境科学出版社，2015.

［37］环境保护部科技标准司. 土壤和沉积物 有机物的提取 加压流体萃取法：HJ 783—2016 ［S］. 北京：中国环境科学出版社，2016.

［38］环境保护部环境监测司、科技标准司. 土壤和沉积物 半挥发性有机物的测定 气相色谱–质谱法：HJ 834—2017 ［S］. 北京：中国环境出版社，2017.

［39］生态环境部生态环境监测司、法规与标准司. 土壤和沉积物 石油烃（C_{10}—C_{40}）的测定 气相色谱法：HJ 1021—2019 ［S］. 北京：中国环境出版集团，2019.

［40］环境保护部科技标准司. 土壤和沉积物 多氯联苯的测定 气相色谱–质谱法：HJ 743—2015 ［S］. 北京：中国环境科学出版社，2015.

［41］环境保护部科技标准司. 土壤和沉积物 多环芳烃的测定 气相色谱–质谱法：HJ 805—2016 ［S］. 北京：中国环境科学出版社，2016.

［42］生态环境部生态环境监测司、法规与标准司. 土壤和沉积物 有机磷类和拟除虫菊酯类等47种农药的测定 气相色谱–质谱法：HJ 1023—2019 ［S］. 北京：中国环境出版集团，2019.

［43］环境保护部环境监测司、科技标准司. 土壤和沉积物 有机氯农药的测定 气相色谱–质谱法：HJ 835—2017 ［S］. 北京：中国环境出版社，2017.

［44］环境保护部环境监测司、科技标准司. 土壤和沉积物 多氯联苯的测定 气相色谱法：HJ 922—2017 ［S］. 北京：中国环境出版社，2017.

［45］环境保护部科技标准司. 土壤和沉积物 多氯联苯的测定 气相色谱–质谱法：

HJ 743—2015［S］. 北京：中国环境科学出版社，2015.

［46］生态环境部生态环境监测司、法规与标准司. 土壤和沉积物　醛、酮类化合物的测定　高效液相色谱法：HJ 997—2018［S］. 北京：中国环境出版集团，2019.

［47］国家环境保护总局科技标准司. 土壤环境监测技术规范：HJ/T 166—2004［S］. 北京：中国环境科学出版社，2004.

［48］全国国土资源标准化技术委员会（SAC/TC 93）. 地下水质量标准：GB/T 14848—2017［S］. 北京：2018.

［49］中华人民共和国建设部. 岩土工程勘察规范：GB 50021—2001［S］. 北京：中国建筑工业出版社，2002.

［50］国家认证认可监督管理委员会. 检验检测机构资质认定能力评价检验检测机构通用要求：RB/T 214—2017［S］. 北京：中国标准出版社，2017.

［51］广州市市场监督管理局和广州市生态环境局. 建设用地土壤污染防治　第 1 部分：污染状况调查技术规范：DB4401/T－102.1－2020［S/OL］.［2020－5－25］. http://scjgj.gz.gov.cn/attachment/6/6673/6673279/6872150.pdf.

［52］国家环境保护部污染防治司. 工业企业场地环境调查评估与修复工作指南（试行）［Z］，2014.

［53］广州环境保护局办公室. 广州市工业企业场地环境调查、治理修复及效果评估文件技术要点：穗环办〔2018〕173 号［Z］. 2018－11－19.

［54］广东省生态环境厅办公室. 广东省建设用地土壤污染状况调查、风险评估及效果评估报告技术审查要点（试行）：粤环办〔2020〕67 号［Z］. 2020－11－06.

［55］环境保护部办公厅. 关于印发《重点行业企业用地调查质量保证与质量控制技术规定（试行）》的通知［EB/OL］.（2017－12－07）［2020－05－13］. http://www.mee.gov.cn/gkml/hbb/bgth/201712/t20171214_427935.htm.

［56］WILLIAMS D B, CARTER C B. Transmission electron microscopy：a textbook for materials science［M］. Berlin：Springer，1996：559.

［57］US EPA. Florisil Cleanup：Method 3620C：2014［S/OL］.［2020－05－13］. https://www.epa.gov/sites/production/files/2015－12/documents/3620c.pdf.

［58］US EPA. Silica Gel Cleanup：Method 3630C：1996［S/OL］.［2020－05－13］. https://www.epa.gov/sites/production/files/2015－12/documents/3630c.pdf.

［59］US EPA. Sulfur Cleanup：Method 3660B：1996［S/OL］.［2020－05－17］. https://www.epa.gov/sites/production/files/2015－12/documents/3660b.pdf.

［60］US EPA. Alumina Cleanup：Method 3610B：1996［S/OL］.［2020－05－17］.

https://www.epa.gov/sites/production/files/2015 - 12/documents/3610b.pdf.

[61] US EPA. Nonhalogenated Organics by Gas Chromatography: Method 8015C: 2007 [S/OL]. [2020 - 05 - 17]. https://www.epa.gov/sites/production/files/2015 - 12/documents/8015c.pdf.

[62] US EPA. Organochlorine Pesticides by Gas Chromatography: Method 8081B: 2007 [S/OL]. [2020 - 05 - 17]. https://www.epa.gov/sites/production/files/2015 - 12/documents/8081b.pdf.

[63] US EPA. Polychlorinated Biphenyls (PCBs) by Gas Chromatography: Method 8082A: 2007 [S/OL]. [2020 - 05 - 17]. https://www.epa.gov/sites/production/files/2015 - 12/documents/8082a.pdf.

[64] US EPA. Volatile Organic Compounds by Gas Chromatography/Mass Spectrometry (GC/MS): Method 8260D: 2018 [S/OL]. [2020 - 05 - 27]. https://www.epa.gov/sites/production/files/2018 - 06/documents/method_8260d_update_vi_final_06 - 11 - 2018.pdf.

[65] US EPA. Semivolatile Organic Compounds by Gas Chromatography/Mass Spectrometry: Method 8270E: 2018 [S/OL]. [2019 - 11 - 08]. https://www.epa.gov/sites/production/files/2019 - 01/documents/8270e_revised_6_june_2018.pdf.

[66] US EPA. Soil and Waste pH: Method 9045D: 2004 [S/OL]. [2020 - 05 - 11]. https://www.epa.gov/sites/production/files/2015 - 12/documents/9045d.pdf.

[67] US EPA. Soxhlet Extraction: Method 3540C: 1996 [S/OL]. [2020 - 05 - 11]. https://www.epa.gov/sites/production/files/2015 - 12/documents/3540c.pdf.

[68] US EPA. Automated Soxhlet Extraction: Method 3541: 1994 [S/OL]. [2020 - 05 - 11]. https://www.epa.gov/sites/production/files/2015 - 12/documents/3541.pdf.

[69] US EPA. Pressurized Fluid Extraction (PFE): Method 3545A: 2007 [S/OL]. [2020 - 05 - 11]. https://www.epa.gov/sites/production/files/2015 - 12/documents/3545a.pdf.

[70] US EPA. Microwave Extraction: Method 3546: 2007 [S/OL]. [2020 - 05 - 13]. https://www.epa.gov/sites/production/files/2015 - 12/documents/3546.pdf.

[71] US EPA. Ultrasonic Extraction: Method 3640A: 1994 [S/OL]. [2020 - 05 - 13]. https://www.epa.gov/sites/production/files/2015 - 12/documents/3640a.pdf.